实验室基本知识与操作（含学生工作页）

陈奕曼　主编

黄春媛　范　平　副主编

化学工业出版社

·北京·

本书是以从事分析检验工作所需要的实验室基本知识与基本操作技能为基本项目进行编写的。每一项基本技能作为一个模块，每一模块设置若干个工作任务，将本模块的理论知识与职业技能融合起来。本书包括八个模块，分别是：分析检验的职业道德与规范要求；工作中的安全与健康保护；试样的采集与制备；物质的分离与提纯；分析检验用天平的规范使用；检验用玻璃仪器及器皿的规范使用；试剂与溶液的使用；滴定分析法测定物质含量。

本书适合工业分析与检验类专业中职和技校的学生选用，也可用作从事分析与检验技术工作的人员阅读参考。

图书在版编目（CIP）数据

实验室基本知识与操作（含学生工作页）/陈奕曼主编.
—北京：化学工业出版社，2014.4（2024.9重印）
ISBN 978-7-122-19891-4

Ⅰ.①实… Ⅱ.①陈… Ⅲ.①实验室-操作-中等专业学校-教材 Ⅳ.①N33

中国版本图书馆CIP数据核字（2014）第035887号

责任编辑：蔡洪伟 陈有华　　装帧设计：王晓宇
责任校对：吴 静

出版发行：化学工业出版社（北京市东城区青年湖南街13号 邮政编码100011）
印　　装：北京虎彩文化传播有限公司
787mm×1092mm 1/16 印张13¼ 字数340千字 2024年9月北京第1版第10次印刷

购书咨询：010-64518888　　售后服务：010-64518899
网　　址：http://www.cip.com.cn
凡购买本书，如有缺损质量问题，本社销售中心负责调换。

定　　价：40.00元

FOREWORD 前言

技工教育是职业教育的重要组成部分，其生命力在于与经济社会发展紧密相连，为经济社会发展提供智力和技能支持，成为企业生命的“血液”。社会快速发展，人员流动性增强，对企业来说，技工学校培养与企业相适应的学生既要能在短时间内胜任本职工作又要有踏实负责的工作责任心和良好的职业道德；对于学生来说，学校要培养他们的不仅是专业技能，还要提高他们解决实际问题、与人交流、与人合作、信息处理等社会与方法的技能，让学生具有实现不同阶段学习转换和工作行业转换的能力，具备可持续发展的通用能力。

技工教育虽然经历很长时间的教育改革，但是事实是，教学的内容与需求还存在较大的距离。笔者认为对于技校学生：首先课程内容上要突出重点，压缩传统理论教学，添加认识性质的实用内容，尽量做到简明易懂；其次在评价方式上要大力改革考试制度，以家长、学生、企业评价为主，评价要做到重视过程与关注结果相统一。本教材就是应对这一变化要求的一个尝试。

本教材根据实践专家访谈会提取的典型工作任务中对从事分析检验工作所需要的实验室基本知识与基本操作技能为基本项目。每一项基本技能作为一个模块，每一模块设置若干个工作任务，将本模块的理论知识与职业技能融合起来。

本书由陈奕曼主编，黄春媛、范平副主编，黄连喜、杨燕霞参编。本书包括八大模块，内容是：分析检验的职业道德与规范要求；工作中的安全与健康保护；试样的采集与制备；物质的分离与提纯；分析检验用天平的规范使用；检验用玻璃仪器及器皿的规范使用；试剂与溶液的使用；滴定分析法测定物质含量。

教学上的设想是，采用行动导向教学法，通过小组共同完成工作任务的形式，在完成工作任务的过程中训练他们的实际操作能力、信息检索能力、团队合作能力与沟通表达能力等，在完成任务并在展示分享的压力下培养他们主动学习的积极态度。评价方式采取学生自评、小组互评、教师评价等多元结合的评价模式，代替以往教师一元评价的模式。评价方法多样化，不限于课堂观察、问卷调查、技能测试、模拟测试、口头与书面问答、言语表达随机评价等。

由于编者的水平和经验有限，教材中难免存在疏漏和不足之处，衷心希望使用本教材的读者批评指正。

编者

2013年12月

CONTENTS 目录

模块 1 分析检验的职业道德与规范要求

职业能力

1. 能叙述分析人员基本职业道德与规范。
2. 能够对自己将来从事的行业进行定位。
3. 能叙述计量法、产品质量法、标准化法的相关知识。

通用能力

1. 分析问题能力。
2. 归纳的能力。
3. 自主学习能力。
4. 组织表达能力。
5. 团队合作能力。

素质目标

1. 良好的心理素质、职业道德素质和行为规范。
2. “严谨细致、诚实守信、实事求是”的品德。
3. 尊重并遵守标准化规程的意识。
4. 乐于与他人合作的习惯。

相关知识

一、分析人员的职业道德规范

中共中央宣传部 2001 年 11 月 24 日编发的《公民道德建设实施纲要》中明确指出：“职业道德是所有从业人员在职业活动中应该遵循的行为准则，涵盖了从业人员与服务对象、职业与职工、职业与职业之间的关系。随着现代社会分工的发展和专业化程度的增强，市场竞争日趋激烈，整个社会对从业人员职业观念、职业态度、职业技能、职业纪律和职业作风的要求越来越高。要大力倡导以爱岗敬业、诚实守信、办事公道、服务群众、奉献社会为主要内容的职业道德，鼓励人们在工作中做一个好的建设者。”

（一）职业道德的内涵

职业，就是在社会劳动分工的情况下长期从事某一种具有专门业务和特定职责，并以此获得生活主要来源的社会活动。职业道德，就是从事一定职业的人们在特殊的职业关系中，在长期职业活动的基础上形成的、具有自身职业特征的职业道德原则和规范的总和。

良好的职业修养是每一个优秀员工必备的素质，良好的职业道德是每一个员工都必须具备的基本品质。这两点是企业对员工最基本的规范和要求，同时也是每个员工担负起自己的工作责任必备的素质。

（二）职业道德的作用

职业道德是社会道德体系的重要组成部分，它一方面具有社会道德的一般作用，另一方面它又具有自身的特殊作用，具体表现在如下几个方面。

1. 调节职业交往中从业人员内部以及从业人员与服务对象间的关系

职业道德，就是同人们的职业活动紧密联系的符合职业特点所要求的道德准则、道德情操与道德品质的总和，它既是对本职人员在职业活动中的行为标准和要求，同时又是职业对社会所负的道德责任与义务。职业道德的基本职能是调节职能。它一方面可以调节从业人员内部的关系，即运用职业道德规范约束职业内部人员的行为，促进职业内部人员的团结与合作。如职业道德规范要求各行各业的从业人员，都要团结、互助、爱岗、敬业、齐心协力地为发展本行业、本职业服务。另一方面，职业道德又可以调节从业人员和服务对象之间的关系。如职业道德规定了制造产品的工人要怎样对用户负责；营销人员怎样对顾客负责；检验人员怎样对产品的质量报告负责；教师怎样对学生负责等。

2. 有助于维护和提高本行业的信誉

一个行业、一个企业的信誉，也就是其形象、信用和声誉，是指企业及其产品与服务在社会公众中的信任程度。提高企业的信誉主要靠产品的质量和服务质量，而从业人员职业道德水平高是产品质量和服务质量的有效保证。若从业人员职业道德水平不高，很难生产出优质的产品和提供优质的服务。

3. 促进本行业的发展

行业、企业的发展有赖于高的经济效益，而高的经济效益源于高的员工素质。员工素质主要包含知识、能力、责任心三个方面，其中责任心是最重要的。而职业道德水平高的从业人员其责任心是极强的，因此，职业道德能促进本行业的发展。

4. 有助于提高全社会的道德水平

职业道德是整个社会道德的主要内容。职业道德一方面涉及每个从业者如何对待职业，如何对待工作，同时也是一个从业人员的生活态度、价值观念的表现；是一个人的道德意识，道德行为发展的成熟阶段，具有较强的稳定性和连续性。另一方面，职业道德也是一个职业集体，甚至一个行业全体人员的行为表现，如果每个行业、每个职业集体都具备优良的道德，对整个社会道德水平的提高肯定会发挥重要作用。

（三）职业道德的重要特征

1. 职业性

职业道德的内容与职业实践活动紧密相连，反映着特定职业活动对从业人员行为的道德要求。每一种职业道德都只能规范本行业从业人员的职业行为，在特定的职业范围内发挥作用。

2. 实践性

职业行为过程，就是职业实践过程，只有在实践过程中，才能体现出职业道德的水准。职业道德的作用是调整职业关系，对从业人员职业活动的具体行为进行规范，解决现实生活中的具体道德冲突。

3. 继承性

在长期实践过程中形成的，会被作为经验和传统继承下来。即使在不同的社会经济发展阶段，同样一种职业因服务对象、服务手段、职业利益、职业责任和义务相对稳定，职业行为的道德要求的核心内容将被继承和发扬，从而形成了被不同社会发展阶段普遍认同的职业道德规范。

4. 具有多样性

不同的行业和不同的职业，有不同的职业道德标准。

(四) 分析检验工职业道德规范

1. 爱岗敬业，工作热情主动

爱岗敬业是分析检验人员实现自我价值、走向成功必备的第一心态，是分析检验人员应该具备的一种崇高精神，是做到求真务实、优质服务、勤奋奉献的前提和基础。

分析检验人员首先要安心工作、热爱工作、献身所从事的行业，把自己远大的理想和追求落到工作实处，在平凡的工作岗位上作出非凡的贡献。从业人员有了尊职敬业的精神，就能在实际工作中积极进取，忘我工作，把好工作质量关。对工作认真负责和核实，把工作中所得出的成果，作为自己的天职和莫大的荣幸；同时认真总结分析工作中的不足并积累经验。

敬业奉献是从业人员的职业道德的内在要求。随着市场经济的发展，对分析检验人员的职业观念、态度、技能、纪律和作风都提出了新的更高的要求。为此，分析检验人员要有高度的责任感和使命感，热爱工作，献身事业，树立崇高的职业荣誉感；要克服任务繁重、条件艰苦、生活清苦等困难，勤勤恳恳、任劳任怨、甘于寂寞、乐于奉献；要适应新形势的变化，刻苦钻研；应加强个人的道德修养，树立正确的世界观、人生观和价值观。

2. 实事求是，坚持原则

实事求是中“求”就是深入实际，调查研究；“是”有两层含义，一是是真不是假，二是质量检验中的必然联系即规律性。分析检验人员要实事求是，坚持原则，一丝不苟地依据标准进行检验和判定 。这就需要有心底无私的职业良心和无私无畏的职业作风与职业态度。如果夹杂着个私心杂念，为了满足自己的私利或迎合某些人的私欲需要，弄虚作假、虚报浮夸就在所难免，也就会背离实事求是这一最基本的职业道德。实事求是，坚持原则的具体要求体现在如下几点。

① 坚持真理。坚持实事求是的原则，办事情、处理问题要合乎公理正义，秉公办事。在大事大非面前立场坚定；照章办事，坚持原则，行所当行，止所当止；要敢于说“不”。

② 公私分明。公私分明主要是指不能凭借自己手中的职权，谋取个人私利，损害社会、集体和他人利益，分析检验人员不能因为一己之私来给出不合格的检验报告。

③ 公平公正。公平公正是指按照原则办事，处理事情合情合理，不徇私情。在发展市场经济、重视利益和利益关系多样化的情况下，做到公平公正是十分可贵的；做到公平公正，就要坚持按照原则办事。

④ 光明磊落。光明磊落是指做人做事没有私心，胸怀坦白，行为正派。坚持办事公道的重要准则，是做人的一种高尚品德，也是对从业者品德的重要要求。

3. 要有扎实的基础理论知识与熟练的操作技能

当今的分析内容十分丰富，涉及的知识领域十分广泛。分析方法不断更新，新工艺、新技术、新设备不断涌现，如果没有一定的基础知识是不能适应的。即使是一些常规分析方法亦包含较深的理论原理，如果没有一定的理论基础去理解它、掌握它，只能是知其然而不知其所以然，很难完成组分多变的、复杂的试样分析，更难独立解决和处理分析中出现的各种复杂情况。那种把化验工作看作只会摇瓶子、照方抓药的“熟练工”是与时代不相符的陈旧观念。当然，掌握熟练的操作技能和过硬的操作基本功是工业分析者的起码要求，那种说起来头头是道而干起来却一塌糊涂的“理论家”也是不可取的。

4. 遵守劳动纪律、操作规程，注意安全

劳动纪律又称职业纪律，指劳动者在劳动中所应遵守的劳动规则和劳动秩序。劳动纪律的目的是保证生产、工作的正常运行；劳动纪律的本质是全体员工共同遵守的规则；劳动纪律的作用是实施于集体生产、工作、生活的过程之中。

分析检验工作者是与量和数据打交道的，稍有疏忽就会出现差错。因点错小数点而酿成重大质量事故的事例足以说明问题；随意更改数据、谎报结果更是一种严重的犯罪行为。分析工作是一项十分仔细的工作，这就要求分析检验工作者心细、眼灵，对每一步操作必须谨慎从事，来不得半点马虎和草率，必须严格遵守各项操作规程。

分析检验工作者经常接触到强酸、强碱等腐蚀性溶液，苯、四氯化碳等有毒的有机溶剂，所以在工作过程中要注意安全，做到“三不伤害”原则，即不伤害自己、不伤害别人、不被别人伤害。

5. 要有不断创新的开拓精神

科学在发展，时代在前进，分析工作更是日新月异。作为一个分析工作者，必须在掌握基础知识的条件下，不断地去学习新知识，更新旧观念，研究新问题，及时掌握本学科、本行业的发展动向，从实际工作需要出发开展新技术、新方法的研究与探索，以促进分析技术的不断进步，满足生产的新要求。

二、分析检验人员需要熟悉的相关规范

相关规范见附件一～附件三。

任务一 案例分析 1

晚上，小明到家时脸色有些不对，小明老婆问他：“怎么了，不舒服？”小明回答：“我违反劳动纪律了。”老婆问：“挨批了？”小明点点头：“不光挨批了，还被扣了奖金。”小明老婆惊讶地问道：“这么严重，到底怎么回事呀？你给我讲清楚！”小明叹气：“刚上班时，没什么事，小吴、小丁他们就聊起年底发完奖金怎么应对老婆。我上进，不想听，就戴上耳机听音乐，然后又怕自己走神，说出点什么，就抓了把瓜子占住嘴巴，结果很不幸被领导撞上了。”

1. 你认为本文中的主人公小明不幸吗？

2. 你认为小明为什么被处罚？

3. 如果你是小明，面对小明遇到的情况你会怎样处理?

任务二　案例分析 2

2月14号下午5:29，小李办公室的领导都出差了，化验室的检验工作也完成了，看到离5:30下班时间仅剩1分钟了，小李连袋子都整理好就等那1分钟赶紧到他可以打卡下班。当他心里正美滋滋地想着今晚的约会时，突然，办公室的电话响了，小李好犹豫啊!!!要不要接电话呢?现在临近下班，如果接了，遇到是生产线上的质量问题需要马上检验出结果的，他就得留下来加班，那么今天这么重要的约会就泡汤了。假如你是小李，你会如何选择呢?

1. 请各个小组根据上述情况列出各自可能会想到的处理方法，并写明如果你选择某种方法对你产生的影响（好处、坏处）。

2. 在你们想到的处理方法中，选出你们小组认为最优的方法。

3. 将第1、2点的问题以出海报的形式展示出来。

4. 请各小组派出成员分享各自的做法。

任务三　计量法、产品质量法、标准化法知识竞赛

1. 分组

以5~6人为一组（男女混搭），推荐一人为组长，组长协调组内分工情况，布置任务后，组织成员进行备赛。

2. 竞赛规则

（1） 必答题规则及计分标准

① 每题10分，每人1题，不能由队友代答；答对加10分，答错不加分不扣分；② 必答题在主持人读题完毕后，须在1分钟内答完，否则不得分；③ 选手答题完毕后，应宣布“答题完毕”。

（2） 抢答题规则及计分标准

① 抢答题共20题，每题10分；答对加10分，答错扣10分；② 主持人读题完毕、宣布“开始”后，各队方可按抢答器；在主持人宣布“开始”前，开口抢答视为犯规，扣10分；③ 获得答题权后，该队须在10秒钟内开始作答，在90秒内完成答题，否则视同答错；④ 选手应尊重主持人的裁判；如对宣判有异议，原则应由领队向评委会提出申诉；⑤ 选手答题完毕后，应宣布“答题完毕”；⑥ 选手答错、犯规时，该题交由其他组回答。

3. 宣布结果颁发奖品

根据必答题和抢答题的得分情况，评出第1、2、3名，并颁发奖品。

4. 分享成果

（1） 获奖组分享其组能够脱颖而出的原因。

（2） 教师根据刚才各组的表现来总结本次知识竞赛（查询资料的方法、小组合作的意识等）。

附 某公司员工职业道德规范

职业道德是员工在职业生涯中的政治生命，是员工必须遵循的与职业有关的道德准则和行为规范，是一个人道德品质的重要组成部分。良好的职业道德水准是公司对员工的基本要求之一，也是公司优秀企业文化的重要组成部分。为了规范员工的行为，特制定本规范。

1. 忠诚于公司

无论何时何地，忠诚于公司、忠实于公司的事业、执行公司的意志、维护公司的利益，始终如一，坚持到底。

2. 维护公司的声誉和形象

无论何时何地，都应维护公司的声誉和形象，与损害公司声誉和形象的不良倾向作斗争。时刻铭记自己是公司的一员，注意自己的一言一行，以自己公平正直的人格、高效严谨的工作作风、文明礼貌的言谈举止，在社会公众中树立公司良好的公众形象。

3. 爱护公司财物

员工在操作各种机器、设备、仪器、仪表等生产、测试设备及使用各种办公及生活设施时，都必须严格遵守操作规程，文明使用和操作，同时对使用和操作的设施设备，要按规定进行保养和维护，延长使用寿命。

4. 保护公司财产

保护公司财产是每一名员工义不容辞的责任和义务。在公司发生意外事故、遭受自然灾害时，员工应服从现场指挥人员的指挥，并积极参与抢险救灾，抢救、保护公司的财产，尽一切努力把公司的损失降到最低限度。在发现公司财产遭到人为破坏或遭受盗窃、抢劫时，每一位在场员工都应该尽一切努力，机智、勇敢地与破坏犯罪分子作斗争，保护公司及公司员工的财产。

5. 保守公司秘密

员工在工作中接触到的公司工商秘密是员工在工作之中正常碰到的事情，不能对知密范围以外的第二个人谈论、议论和传播，亲戚朋友也不例外。每个员工都应养成严守秘密的良好职业习惯。要记住，秘密往往是在不经意的言谈中泄露出去的。严禁用公司的秘密作任何私人交易，这不仅为公司所不容，而且为法律所不容。

6. 公私分明

公司的财产属于公司，不能用于任何私人目的。严禁使用公司的机器、设备等财产干私活。工作和生活要严格区分，工作是工作，生活是生活，不要将两者混淆。员工不应将私人感情带到工作中来。在工作中，员工之间只存在上下级关系、同事关系，不存在亲戚朋友关系。不允许员工利用职务之便施恩报怨，更不允许公报私仇、打击报复。

7. 忠诚老实

员工对公司必须忠诚、可靠，不允许隐瞒、欺诈。员工向上司反映情况及提交报告必须真实、客观、可靠，提出意见必须发自内心。做老实人、说老实话、办老实事永远是公司员工做人的基本准则。

8. 接受并遵守公司的企业文化和规章制度

公司是一个高度组织化的团体，规章制度及规范是公司管理和运作的依据，是保证公司有序高效运行的基本条件。从一定意义上来说，规章制度和规范就是公司的“法律”，全体员工都必须无条件地遵守和执行。对制度和规范中存在的问题，员工可以通过正常渠道向有关部门反映意见和建议。

9. 忠于职守，善尽职责

忠于职守，善尽职责是职业道德的最基本要求，是公司对员工最基本的要求之一，也是员工应尽的本分。作为一名公司员工，必须以高度的事业心和责任感，做好自己的本职工作，按照上级的要求，按时、保质、保量完成工作任务。在公司干一分钟，就要尽一分钟的职责。不允许互相推诿、扯皮，不允许推卸责任，不允许串岗、溜号、擅离职守，不允许上班时间干私活，更不允许消极怠工，有意违抗。对工作不负责，玩忽职守，给公司和客户造成损失的，公司将严肃处理，构成犯罪的，移交司法机关惩办。

10. 敬业精神

忠实于本职工作，忠于职守，兢兢业业、竭心尽力，善尽职责；努力学习、刻苦钻研，不断提高业务水平，提高工作能力。

11. 严守纪律

铁的纪律是公司兴旺发达的根本保证，全体员工都必须严守纪律做到有令必行、有禁必止。尤其公司属电线电缆行业，生产具有危险性大的特点，全体员工都必须不折不扣地遵循公司的安全纪律、工艺纪律、生产操作规程，准时上下班，无条件接受上级下达的加班或代班指令，养成文明生产、文明操作的良好职业习惯。

12. 遵守组织原则

员工在工作和生活当中，都应该遵守组织原则，不说无原则的话，不办无原则的事。正确处理个人与组织的关系，克服个人主义，坚持个人服从组织的原则。员工对公司各项工作如有意见、建议，可以通过正常渠道向上级和有关部门反映，公司的总裁信箱随时向全体员工开放，保证言路的畅通。私下议论公司（公司领导）、发牢骚、说怪话是不道德的行为，也是缺乏职业道德修养的具体表现。

13. 团结协作

公司是一个有机整体，公司与员工之间是利害休戚相关的共同体，各部门、各班组、各岗位之间是一种分工协作关系，全体员工都应该从大局出发，从公司的整体利益和自身的利益出发，发扬团队精神，克服小团体主义、本位主义，团结协作，互相支持、互相配合，共同促进公司事业的发展。

14. 厉行节约，追求效益

当今社会是一个激烈竞争的社会，公司要取得长足的发展、在竞争中立于不败之地，必须厉行节约，杜绝浪费。作为公司的一名员工，无论何时何地，不管从事什么工作，都应该牢固树立节约意识，该花的钱花，不该花的钱哪怕一分钱也不要花。但是，一旦能以小的投入能给公司带来巨大利益的时候，就要毫不犹豫地建议上级进行投入。

15. 恪尽自己对其他员工应尽的责任和义务

员工在工作中相互之间形成上下级或同事关系，同时也形成了相互之间的责任、义务关系。恪尽自己对其他员工应尽的责任和义务，是职业道德的要求。作为下级，员工应该服从上级的领导，听从公司的安排，积极完成上级交办的各项工作任务，尊敬上级，维护上级的权威；作为上级要关心、帮助下级，既要严格管理、严格要求，同时也要创造条件和机会，使下级充分施展抱负和才能，尽量发挥下级的长处，做到重才、爱才、育才、用才；对待同事，要以礼相待、互相尊重、互相支持、互相配合，不相互拆台。

16. 善用休假，与公司目标保持一致

员工应牢固树立工作第一的观念，妥善处理个人生活与工作的矛盾。善用休假是工作的要求，能否妥善处理休假与工作的矛盾，从一个侧面也反映出一个人的职业道德水平。在公司（部门）工作繁忙、人手紧缺的时候，除非个人有十分特殊意外的情况出现，否则员工都不应该提出休假申请，包括事假。公司下达的目标、指标及工作计划是各部门员工必须在规定时间内完成的任务，员工不应以各种理由拒绝或拖延；在自己工作任务还没有完成时，员工应自觉地加班加点完成工作任务，确保公司总体目标的如期实现。

17. 恪尽自己作为一名员工对公司应尽的责任和义务

员工接受公司出资的培训，应按公司要求为公司服务一定年限。工作调动时，应将手头工作清理好，做好善后工作，与接手人办理好工作交接手续，以便于接手人尽快进入角色，开展工作。员工因各种原因离开公司，也应在走之前将工作交接清楚，并按公司的要求办理完各种手续后才能离开。

模块 2 工作中的安全与健康保护

职业能力

1. 能叙述分析检验人员存在的职业安全危险因素。
2. 懂得在工作中进行自我保护。
3. 能够预防与简单处理用电与用火的安全事故。
4. 能够预防与简单处理化验室中毒事故。
5. 能够预防与简单处理化验室烧伤及化学灼伤事故。

通用能力

1. 保持工作环境清洁、有序的能力。
2. 应对不同环境对自身的安全与健康进行保护的能力。
3. 发生意外事故时，能在较短时间内采用适当急救措施的能力。
4. 防止事故进一步扩大的能力，能够配合有关部门做好善后工作的能力。

素质目标

1. 认真仔细的工作态度。
2. 文明规范的操作习惯。
3. 树立安全工作的思想。
4. 会 6S 管理体系。

相关知识

“安全”是个很通俗的词，从词典中查不出什么深刻的含义，只解释为“不受威胁，没有危险”。然而，它却直接关系着我们每个人的生命与健康，关系着每个家庭的幸福与温暖，影响社会稳定与发展，与我们的生活紧密相连、息息相关。

分析检验工作中接触的危险源很多，有易燃、易爆、易中毒的气体；接触的危险有害物质相当多，其中有发烟硫酸、无水乙醚、无水乙醇、盐酸、强碱等。所以，工作中我们要做好安全与健康的保护措施。

一、关注安全　关爱生命

当把人的生命比作是“1”时，生活就是在“1”后面加“0”，后面加的“0”越多，说明事业越成功、家庭越幸福。倘若人的生命不存在了，后面加再多的“0”还有什么意义呢？

（一）坚持“安全第一，预防为主”的方针

《中华人民共和国安全生产法》明确规定，我国的安全生产管理工作，必须坚持“安全第一，预防为主，综合治理”的方针。所有生产经营单位在组织生产过程中，必须把保护人的生命安全放在第一位。

事故是指在生产和行进过程中，突然发生的与人们的愿望和意志相反的情况，使生产进程停止或受到干扰的事件。事故的发生有原因和预兆，一次重大事故前必然孕育着许多事故苗子。所以，人们应消除“事故苗子”，避免事故的发生。

分析检验部门要严格执行安全规定，要对危险点进行分析与控制；对于新进试剂和仪器的使用方法和规程要及时对有关人员进行培训；对于新设备的投运，编写新设备的投运方案；对于自动化的数据要及时监测，当发现设备仪器故障时，及时处理。定期组织对部门的安全进行检查时，严格做好工作记录和进行危险点分析，进入现场作业时，严格按相关规程规定，做好安全措施，确保安全。

（二）分析检验人员存在的职业安全危险因素

1. 化学因素

检验人员需要频繁接触各种化学试剂，如浓硫酸、烧碱、氰化钾，玻璃器皿清洗使用的重铬酸钾洗液内含浓硫酸和强氧化剂等。为了达到消毒灭菌的要求，还需要接触各种消毒灭菌剂。

这些试剂和消毒剂中都含有对人体有害的成分，对人体皮肤、黏膜、呼吸道、视觉系统、神经系统均有一定程度的损害。

2. 物理因素

检验仪器设备较多，产生的噪声、电磁波、射线等都可能对工作人员的身体造成危害。

噪声：噪声是一种高频的声波。大型的蒸汽透平、大型电动机、水泵，高压空气流及风动工具等，都可产生巨大的噪声。噪声对人体最明显的影响是对听觉器官的损害，轻则听力下降，重则造成耳聋。在噪声下长期工作，会使人心烦意乱，头晕脑涨。防止噪声危害的主要办法是利用消音装置或隔音装置。隔音装置如用隔音材料把机器的声源部分罩起来，在噪声污染的空间单独设置隔音室，使用防护耳罩等。

红外线：由于红外线无法被人们的肉眼观察到，也不易引起急性眼疾，所以它往往被人所忽视。红外线对人眼会产生慢性损伤，轻则引起早期老花眼，重则有失明危险。

紫外线：工业上电焊、气焊、氩弧焊、熔断金属，可产生紫外线，它的主要危害一是引起皮肤过敏反应，二是引起急性电光性眼炎。

激光：随着激光技术的发展，激光装置被广泛用于各种分析仪器中。激光是由光量子形成的电磁能。激光对人体造成的危害，其主要机理是来自于激光的热效应；其造成伤害的主

要部位一般是皮肤和眼睛。皮肤吸收激光后会立即发红并失去感觉，这种现象可持续数天，有时会被激光灼伤结痂。激光对人眼的危害比对人的皮肤伤害严重，主要是损坏视网膜。防护办法是：激光装置上，配备光束档、安全罩、联锁装置、穿防护服、戴防护镜。

3. 生物因素

生物因素指的是影响检验人员健康的任何其他微生物的活动，主要是指感染致病菌、病毒、螺旋体等病原微生物或感染寄生虫而引起的疾病。由于部分检验中心的用房分配不足，室内设计不科学，空气流通差，标本离心操作产生的气溶胶、标本外溢等造成空气、地面、台面的污染，尤其是对于微生物（菌类）的检验，严重影响空气质量，这些都是引起疾病的危险因素。

（三）造成生产安全事故的原因

1. 安全生产意识淡薄是造成安全生产事故的最大隐患

由于检验工作量、时间紧等原因，导致有些检验人员对潜在的隐患认识不足，无菌观念不强，自我保护意识较差。常常不遵守消毒隔离制度，未戴工作帽、手套、口罩，未及时洗手和消毒；在工作场所饮水、进食、吸烟或穿着工作衣进休息室等现象时常发生。更有大部分人抱着侥幸的心理，认为伤亡事故离自己十分遥远，不会落到自己头上，但是血的教训告诉我们，安全生产意识淡薄是最大的隐患。

2. 缺乏相应的知识和技能，酿成悲剧

① 对分析检验工作中使用的各种试剂组成、性质等基本知识缺乏基本认知。

② 缺乏专业知识和生产技能。分析检验人员对专业知识掌握的深度和技术熟练程度，直接影响测定的稳定，影响对事故的分析判断和处理。

③ 缺乏严密的施工方案，犯经验主义。犯经验主义的人只知按经验办事，对事物的认识往往主观、片面：只注意大的，忽略小的，事故偏偏就出在细枝末节上；注意难的，忽略容易的，事故往往发生在某些常见的事情上；注意开头，忽略收尾，事故偏偏就出在快要完工的时刻。

3. 违反安全生产管理制度导致事故

安全生产管理制度是企业规章制度的一部分，是保障企业从业人员在生产、经营活动中的人身安全与财产安全的最基础的规定。如果无章可循，违反规章制度，就将导致事故的发生。对于分析检验工作，涉及的仪器与试剂众多，如果仪器在运转时进行检修、调整，清扫等作业，新试剂未认识其性质就按自己的理解进行溶解、测试，往往就会导致事故的发生。尤其是刚参加检测工作的员工，对许多精细的玻璃仪器和色彩鲜艳的溶剂好奇心很强，很想动一动、摸一摸，通常就因此造成工作事故，使自己受到伤害，或是伤害到他人，或者被他人伤害。

4. 违反安全操作规程十分危险

安全操作规程是人们在长期的生产劳动实践中，以血的代价换来的科学经验总结，检验人员如果在工作过程中不遵循安全操作规程，后果将十分危险，轻则受伤，重则丧命。总结违章操作的原因主要有以下几个方面。

① 图省事、怕麻烦。检验完成后留下的试剂没有及时处理，仪器设备使用时不按程序进行，使用后该置换的不置换，气瓶用完后不及时关闭，人为留下许多隐患。准备工作不扎实，升温、升压等工作不按规定进行。

② 赶时间、抢任务。仪器设备有了问题，凑合着使用（赶进度）；明知容器内部温度尚高（降温要时间），明知设备内有可燃易爆气体（置换费时间），不采取严密的措施，就冒险作业，或者是对周围情况心中无数，盲目工作。

③ 不良习惯。把日常生活中的不良习惯带到工作上。

④ 遗忘和大意。原子吸收光谱仪在测试时，用乙炔作为燃料，氧气作为助燃剂。测试完后，忘记关闭乙炔阀和氧气阀，一旦发生泄漏，后果不堪设想。

二、从业人员的安全须知

（一）虚心学习，掌握技能

随着科学技术的发展，机械化、自动化程度的提高，对分析检验人员的素质要求也在不断提高，不仅要求检验人员有熟练的操作技能，而且要求检验人员具有良好的安全意识和安全操作技术。要以虚心的态度认真学习，不懂的地方一定要问清楚，努力掌握新技术，逐步进行实践。

（二）严格遵守安全生产规章制度和操作规程

安全操作规程是检验人员进行检验分析以及从事其他作业时必须遵守的程序，它是企业安全生产规章制度的重要内容，也是有关检验技术规定岗位上的具体体现。

（三）做到“三不伤害”原则

“三不伤害”指的是不伤害自己，不伤害他人，不被他人伤害。两人以上共同作业时注意协作和相互联系，立体交叉作业时要注意安全。

1. 怎样做才能自己不伤害自己

① 保持正确的工作态度及良好的身体心理状态，保护自己的责任主要靠自己。

② 掌握自己操作的设备或活动中的危险因素及控制方法，遵守安全规则，使用必要的防护用品，不违章作业。

③ 任何活动或设备都可能是危险的，确认无伤害威胁后再实施，三思而后行。

④ 杜绝侥幸、自大、省事、想当然心理，莫以患小而为之。

⑤ 积极参加安全教育训练，提高识别和处理危险的能力。

⑥ 虚心接受他人对自己不安全行为的纠正意见。

2. 怎样做才能不伤害他人

① 不制造安全隐患，以免伤害他人。

② 对不熟悉的活动、设备、环境多听、多看、多问，必要的沟通协商后再做。

③ 操作设备尤其是启动、维修、清洁、保养，要确保他人在免受影响的区域。

④ 将你所从事的工作会发生的危险及时告知相关人员；并加以标识。

⑤ 对所接受到的安全规定/标识/指令，认真理解后执行。

⑥ 管理者必须严格管理并以身作则。

3. 怎样做才能不被他人伤害

① 提高自我防护意识，保持警惕，及时发现并报告危险。

② 你的安全知识及经验与同事共享，帮助他人提高事故预防技能。

③ 不忽视已标识的或是潜在危险并远离之，除非得到充足防护及安全许可。

④ 纠正他人可能危害自己的不安全行为。

⑤ 冷静处理所遭遇的突发事件，正确应用所学安全技能。

⑥ 拒绝他人的违章指挥，即使是你的主管所发出的，也要坚持原则。

（四）正确佩戴使用劳动防护用品

我国对劳动防护用品采用以人体防护部位为法定分类标准（《劳动防护用品分类与代码》），共分为以下几类。

1. 头部防护用品

头部防护用品是为防御头部不受外来物体打击和其他因素危害而配备的个人防护装备。

根据防护功能要求，主要有一般防护帽、防尘帽、防水帽、防寒帽、安全帽、防静电帽、防高温帽、防电磁辐射帽、防昆虫帽等九类产品。

2. 呼吸器官防护用品

呼吸器官防护用品是为防御有害气体、蒸气、粉尘、烟、雾经呼吸道吸入，或直接向使用者供氧或清净空气，保证尘、毒污染或缺氧环境中作业人员正常呼吸的防护用具。呼吸器官防护用品主要分为防尘口罩和防毒口罩（面具）两类，按功能又可分为过滤式和隔离式两类。

3. 眼面部防护用品

眼面部防护用品是预防烟雾、尘粒、金属火花和飞屑、热、电磁辐射、激光、化学飞溅物等因素伤害眼睛或面部的个人防护用品。眼面部防护用品种类很多，根据防护功能，大致可分为防尘、防水、防冲击、防高温、防电磁辐射、防射线、防化学飞溅、防风沙、防强光九类。目前，我国普遍生产和使用的主要有焊接护目镜和面罩、炉窑护目镜和面罩以及防冲击眼护具等三类。

4. 听觉器官防护用品

听觉器官防护用品是能防止过量的声能侵入外耳道，使人耳避免噪声的过度刺激，减少听力损失，预防由噪声对人身引起的不良影响的个体防护用品。听觉器官防护用品主要有耳塞、耳罩和防噪声头等三类。

5. 手部防护用品

手部防护用品是具有保护手和手臂功能的个体防护用品。通常称为劳动防护手套。手部防护用品按照防护功能分为十二类，即一般防护手套、防水手套、防寒手套、防毒手套、防静电手套、防高温手套、防 X 射线手套、防酸碱手套、防油手套、防震手套、防切割手套、绝缘手套。每类手套按照材料又能分为许多种。

6. 足部防护用品

足部防护用品是防止生产过程中有害物质和能量损伤劳动者足部的护具，通常称为劳动防护鞋。足部防护用品按照防护功能分为防尘鞋、防水鞋、防寒鞋、防足趾鞋、防静电鞋、防高温鞋、防酸碱鞋、防油鞋、防烫脚鞋、防滑鞋、防刺穿鞋、电绝缘鞋、防震鞋等十三类，每类鞋根据材质不同又能分为许多种。

7. 躯干防护用品

躯干防护用品就是通常讲的防护服。根据防护功能，防护服分为一般防护服、防水服、防寒服、防砸背心、防毒服、阻燃服、防静电服、防高温服、防电磁辐射服、耐酸碱服、防油服、水上救生衣、防昆虫服、防风沙服等十四类，每一类又可根据具体防护要求或材料分为不同品种。

8. 防坠落用品

防坠落用品是防止人体从高处坠落的整体及个体防护用品。个体防护用品是通过绳带，将高处作业者的身体系接于固定物体上，整体防护用品是在作业场所的边沿下方张网，以防不慎坠落，主要有安全网和安全带两种。

三、几种通用作业的安全要求

（一）用电及用火的预防与急救

1. 用电安全基本要求

① 化验室中的电气设备如干燥箱、马弗炉等不要随便乱动，发生故障不能带病运转，应立即请电工检修。

② 经常接触使用的配电箱、闸刀开关、按钮开关、插座以及导线等，必须保持完好。

③ 需要移动电气设备时，必须先切断电源，导线不得在地面上拖来拖去，以免磨损，导线被压时不要硬拉，防止拉断。

④ 打扫卫生、擦拭电气设备时，严禁用水冲洗或用湿抹布擦拭，以防发生触电事故。

⑤ 停电检修时，应将带电部分遮拦起来，悬挂安全警示标志牌。

2. 防火安全要求

电气设备超负荷、短路、接触不良以及雷击、静电火花等，可能使可燃气体或可燃物燃烧。靠近电炉的木板、积聚在蒸汽管道上的可燃粉尘、纤维或是某些物质接触，可能引起自燃等都可能诱发火灾。

扑救火灾的原则：边报警，边扑救；先控制，后灭火；先救人，后救物；防中毒，防窒息；听指挥，莫惊慌。常见灭火器及其适用范围见表2-1。

表2-1 常见灭火器及其适用范围

灭火器种类	适用范围
干粉灭火器	油类及其产品、可燃气体和电气设备初起火灾
二氧化碳灭火器	600V以下带电电器、贵重设备、仪器仪表、图书资料初起火
泡沫灭火器	油类、木材、纸张、棉麻等。不能用于水溶性可燃液体、电气设备、金属及遇水燃烧物

火场中如何紧急避险：熟悉紧急疏散路线；浓烟中逃生，要用湿毛巾捂住嘴和鼻子，弯腰行走；楼上人员要用牢固的绳子等物品，一头固定后沿绳子滑下逃生。千万不要跳楼；逃生路线火封锁，应立即退回室内，关闭门窗，用毛毯、棉被浸湿后覆在门上，并不断往上浇水冷却，发出求救信号等待救援。千万不可钻到阁楼、床底、大橱内避难；在公共场所应听从指挥，向就近的安全通道分流疏散；千万不能惊慌失措、互相拥挤践踏，造成意外的伤亡。

（二）中毒的预防与处理

中毒是指毒物侵入人体引起局部刺激或整个机体功能障碍的疾病。中毒由毒物引起，而毒物又是相对的，某些毒物只有在一定的条件下达到一定的量时才能发挥毒效引起中毒。

人在中毒后常常出现一定的症状，如头痛、头晕、恶心、呕吐、呼吸困难、流泪、抽搐、精神紊乱、昏迷、四肢无力、皮肤出现异样等明显症状。也有些毒物引起的中毒不易被察觉，如一氧化碳等，所以在制取和使用易引起中毒的物质时应特别注意。

1. 中毒的分类

根据中毒者显示的症状及中毒时间，中毒可分为急性中毒、亚急性中毒和慢性中毒三类。

（1）急性中毒　指大量的毒物突然进入人体内，迅速中毒。其特征是毒物量多，作用时间短，反应剧烈，很快引起全身症状甚至造成死亡，如氰化物、一氧化碳中毒等。

（2）亚急性中毒　指毒物进入人体后，发作症状不如急性中毒明显，且在短时间内会逐渐出现中毒症状的中毒现象，如有机酚类的中毒等。

（3）慢性中毒（积累性中毒）　长期受毒物的作用，日积月累，毒物逐渐侵入人体而引起的中毒现象。长期接触少量毒物，不仅能引起慢性中毒，而且能降低人体抵抗力，感染其他疾病，如重金属及其盐类（如汞、铅及其盐等）的中毒。

影响中毒的因素很多，主要与毒物的物理化学性质、侵入人体的数量、作用时间及侵入人体的部位等有关；同时与受害人本身的生理状况也有密切关系。

2. 毒物侵入人体的主要途径

(1) 通过呼吸系统侵入人体　呼吸系统是气体毒物进入人体的主要途径。有毒气体随人的呼吸进入人的肺部，通过肺部的毛细血管被人体吸收，随血液分布到全身各个器官而造成中毒。这类毒物如各种挥发性有机溶剂，各种有毒气体、蒸气、烟雾及粉尘等。

(2) 通过消化系统侵入人体　消化系统一般是固体毒物和液体毒物侵入人体的主要途径。除误食毒物外，使用储存或处理剧毒药品时，不遵守安全操作规则，不戴防护手套，手上沾染了毒物，工作结束后没能认真洗手便饮食，也会使毒物侵入人体内而中毒；用被毒物污染的器皿作为饮水、进食的餐具而引起中毒。这类毒物如汞盐、氰化物、砷化物、有机磷等。

(3) 通过皮肤及黏膜吸收侵入人体　毒物沾染在皮肤或黏膜上，易被皮肤及黏膜表面的汗水所溶解并由毛细孔进入人体，随毛细血管流向人体的各器官，引起中毒；或毒物溶解皮肤脂肪层，经皮脂腺渗入人体。被损伤的皮肤是毒物侵入人体的最好途径，各类毒物只要触及患处，都可以侵入人体。这类毒物如二硫化碳、汞、苯胺、硝基苯等。

毒物无论以何种途径进入人体，都是随血液流入人体的各器官而中毒。一般毒物通过呼吸和消化系统侵入人体引起的中毒症状明显、发作较快；而由皮肤及黏膜侵入人体而引起的中毒症状时间较长、发作较慢。

毒物在人体内经过各种物理、化学等复杂变化并经过肝脏的解毒作用后，大部分通过肾脏随尿排出体外；挥发性气体可由呼吸道排出；有些毒物还随皮肤汗腺、皮脂腺、唾液、乳汁等排出。没有或不能及时排出的毒物，在人体内会造成不同程度的中毒症状，甚至导致死亡。

3. 常见毒物

毒物是指凡能侵入人体，使人的正常生理机能受到损伤或功能障碍的物质。毒物按照存在的状态不同分为三类，即有毒气体、有毒液体和有毒固体。常见毒物见表 2-2。

表 2-2　常见毒物

类　型	名　称
有毒气体	一氧化碳、氯气、氮的氧化物、二氧化硫、三氧化硫
有毒液体	汞、溴、硫酸等酸类、有机酚类、苯及其衍生物、四氯化碳、乙醚等
有毒固体	汞盐、砷化物、氢氧化物（钠或钾）、氰化物

4. 分析室预防中毒的措施

(1) 使用有毒气体或能产生有毒气体的操作，都应在通风橱中进行，操作人员应戴口罩。如发现有大量毒气逸至室内，应立即关闭气体发生器，打开门窗使空气畅通，并停止一切实验，停水、停电离开现场。

(2) 汞在常温下易挥发，其蒸气毒性很强。在使用、提纯或处理汞时必须在通风橱中进行。防止将汞洒落在分析台面或地板上，一旦洒落，立即收集，并用硫黄粉盖在洒落的地方，使其转化为不挥发的硫化汞。

(3) 使用煤气的分析室，应注意检查管道、开关是否漏气，用完后要立即关闭，以免煤气散入室内而引起中毒。检查漏气的方法是用肥皂水涂在可疑处，如有气泡就说明漏气。

(4) 使用和储存剧毒化学药品时，应注意的事项如下。

① 剧毒药品应指定专人负责收发与保管，密封保存，并建立严格的领用与保管制度。

② 取用剧毒药品必须做好安全防护工作。穿防护工作服，戴防护眼镜和橡胶手套，切勿让毒物沾及五官或伤口。

③ 剧毒药品的使用应严格遵守操作规则。

④ 使用过剧毒药品的仪器、台面均应用水清洗干净。手和脸更应仔细洗净，污染了的工作服也须及时换洗。

⑤ 对有毒药品的残渣必须作善后及有效处理。如含有氰化物的残渣可用亚铁盐在碱性介质中销毁，不许乱丢乱放，不准随意倒入废液缸水槽或下水道中。

(5) 使用强酸、强碱等具有强腐蚀性的药品时，应注意的事项如下。

① 取用时，必须戴好防护眼镜和防护手套。配制酸碱溶液必须在烧杯中进行，不能在小口瓶或量筒中进行，以防骤热破裂或液体外溅出现事故。

② 移取酸或碱液时，必须用移液管或滴管吸取或用量筒量取，绝不能用口吸取。

③ 强酸、强碱等强腐蚀性药品若不慎洒落在地上或分析台上，可用砂土吸取，然后再用水冲洗。切不可用纸、木屑、抹布等去清除。

④ 开启氨水瓶时，必须事先用自来水冷却，然后在通风橱内慢慢旋开瓶盖，瓶口不要对准人。

(6) 禁止用分析室器皿作饮食工具。

5. 中毒后的急救

(1) 经呼吸系统急性中毒

① 使中毒者迅速离开现场，转移到通风良好的环境中，呼吸新鲜空气（或吸氧）。

② 若出现休克、虚脱或心脏机能不全症状，必须先作抗休克处理，如进行人工呼吸、给予氧气、喝兴奋剂。但氮的氧化物、氨、氯气、硫酸酸雾等中毒不能施行人工呼吸。

③ 心脏跳动停止者，进行体外心脏按摩，同时服用呼吸兴奋剂和强心剂。

(2) 经口服而中毒

① 立即催吐。最简单的呕吐办法是用手指或筷子压住舌根或服用少量（15～25mL）催吐剂（1%的硫酸铜或硫酸锌溶液），使之迅速将毒物吐出。

② 洗胃要反复多次进行，直至吐出物中基本无毒物为止。

③ 再服解毒剂，常用的解毒剂有鸡蛋清、牛奶、淀粉糊、橘子汁等。而有些解毒剂专用于某种中毒，如氰化物中毒时用硫代硫酸钠，磷中毒时用硫酸铜，钡中毒时用硫酸钠等。

(3) 皮肤、眼睛、鼻、咽喉受毒物侵害时，应立即用大量的自来水冲洗，然后送医院急救。

(三) 烧伤及化学灼伤的预防与急救

1. 烧伤的预防与急救

(1) 烧伤类别　烧伤包括烫伤和火伤，它是由灼热的气体、液体、固体、电热等对人体引起的损伤。烧伤按程度不同分为三度，即一度烧伤、二度烧伤、三度烧伤。

① 一度烧伤（轻微烧伤）：只损伤表皮，皮肤呈红斑，微痛，微肿，无水泡，感觉过敏。

② 二度烧伤（中度烧伤）：损伤表皮和真皮层，皮肤起水疱，疼痛，水肿明显。

③ 三度烧伤（重度烧伤）：损伤皮肤全层，包括皮下组织、肌肉骨骼，烧伤面呈灰白色或焦黄色，无水泡，无疼痛感，感觉消失。

(2) 预防措施

① 遵守安全操作规则，严格管理和控制火源，避免火灾发生。

② 分析室电器、线路要经常检查，使其保持完好，并按规范操作和使用。

③ 合理使用、储存、处理易燃、易爆危险品。

④ 在使用煤气、液化气、电器等进行加热和实验时，要遵守操作规程，使用后及时关掉气源和电源。

⑤ 分析室应按规定安装配置必要的防火设施及器材，并定期、不定期地检查其完好程度。

(3) 烧伤的急救 分析室一旦发生烧伤事故，要立即进行救治，并根据伤势轻重分别进行处理，以减轻患者痛苦，并使之免受感染。烧伤刚发生的几分钟内要处理得当：

① 小面积烫伤、轻度烧伤，立即冷水冲洗 15～30min，干纱布外敷；

② 已起水疱、皮肤已破，不可用水冲或将水疱弄破。衣服粘连应剪去伤口周围衣服，及时用冰袋降温；

③ 大面积或重度烫伤，不可擅自涂抹任何东西，应保持创面清洁完整，用清洁衣物或毛巾盖住伤口，立即请医生处理。

2. 化学灼伤的预防与急救

化学灼伤是由化学试剂对人体引起的损伤。

(1) 常见腐蚀性药品 腐蚀性药品是指对人体的皮肤、黏膜、眼睛、呼吸器官等有腐蚀性的物质，一般为液体或固体。如硫酸、硝酸、盐酸、磷酸、氢氟酸、苯酚（俗名石炭酸）、甲酸、氢氧化钠、氢氧化钾、硫化钠、碳酸钠、无水氯化铝、苯及其同系物、氰化物、磷化物、溴、钾、钠、磷、重金属化合物等。

(2) 化学灼伤的预防措施 分析室中造成化学灼伤事故的原因很多，所以分析人员在分析前要认真做好准备，分析时严格按照操作规程进行，才能防止灼伤事故的发生。为防止化学灼伤事故的发生，对分析室内的化学药品在储存和使用过程中应严格遵守有关规定及操作规范。

① 分析室内人员应穿工作服，取用化学药品应戴防护手套，用药匙或镊子，切忌用手去拿。取强腐蚀性类药品时，除戴防护手套外，还应戴防护眼镜、口罩等。

② 打开氨水、盐酸、硝酸、乙醚等药瓶封口时，应先盖上湿布，用冷水冷却后，再开动瓶塞，以防溅出引发灼伤事故。

③ 无标签的溶液不能使用，否则可能造成灼伤事故。

④ 稀释浓硫酸时，应将浓硫酸缓慢倒入水中，同时搅拌。切忌将水倒入浓硫酸中，以免骤热使酸溅出伤害皮肤和眼睛。

⑤ 使用过氧化钠或氢氧化钠进行熔融时，注意使坩埚口朝向无人的方向，而且不得把坩埚钳放在潮湿的地方，以免黏附的水珠滴入坩埚内发生爆炸和灼烧脸部，桌上要垫石棉板。

⑥ 在进行蒸馏等加热操作时，应将加热装置安装牢固，酸、碱及其他试剂的量应严格按要求加入，且要规范操作。

⑦ 分析用过的废液应专门处理，特别是能对人体发生危害的废液，更不能任意乱倒。

(3) 化学灼伤的急救 化学灼伤是由化学试剂对人体引起的损伤，急救应根据灼伤的原因不同分别进行处理。发生化学灼伤时，首先应迅速解开衣服，清除皮肤上的化学药品，用大量的水冲洗，再以适合于消除这种化学药品的特种试剂、溶剂或药剂仔细处理伤处。分析室化学灼伤的一般急救方法见表 2-3。

表 2-3 分析室化学灼伤的一般急救方法

引起灼伤的化学药品名称	急 救 方 法
硫酸、盐酸、硝酸、磷酸、甲酸、乙酸、草酸	先用大量水冲洗患处，然后用 2%～5%的碳酸氢钠溶液洗涤，最后再用水冲洗，拭干后消毒，涂上烫伤油膏，用消毒纱布包扎好
氢氧化钠、氢氧化钾、氨、氧化钙、碳酸钠、碳酸钾	立即用大量水冲洗，然后用 2%乙酸冲洗或撒以硼酸粉，最后再用水冲洗，拭干、消毒后，涂上烫伤油膏，再用消毒纱布包扎好。氧化钙灼伤时，可用任一种植物油洗涤伤处

续表

引起灼伤的化学药品名称	急救方法
碱金属、氢氰酸、氰化物	立即用大量水冲洗，再用高锰酸钾溶液洗，之后用硫化铵溶液漂洗
氢氟酸	先用大量冷水冲洗或将伤处浸入3%氨水或10%碳酸铵溶液中，再以2+1甘油及氧化镁悬乳剂涂抹，或用冰冷的饱和硫酸镁溶液洗
溴	先用水冲洗，再用1体积浓氨水+1体积的松节油+10体积95%的乙醇混合液处理。也可用酒精擦至无溴存在为止，再涂上甘油或烫伤油膏
磷	不可将创面暴露于空气或用油质类涂抹，应先以10g/L硫酸铜溶液洗净残余的磷，再用0.1%高锰酸钾溶液湿敷，外涂以保护剂，用绷带包扎
苯酚	先用大量水洗，再用4体积70%乙醇和1体积27%氯化铁的混合液洗，用消毒纱布包扎（或用10%硫代硫酸钠注射，内服和注射大量维生素C）
氯化锌、硝酸银	先用大量水洗，再用50g/L碳酸氢钠溶液漂洗，涂油膏及磺胺粉

任务 案例分析

2013年3月，某厂化验室进行粗酚中的酚及同系物实验，需要进行蒸馏，收取200~300℃的馏出物，化验室中还有一台用于进行有机物分析的贵重仪器。在蒸馏时化验员小张眼看下班时间快到了，为了加快蒸馏速度，把电炉上的石棉网取下，而且烧瓶内的液体体积也超过烧瓶容积的2/3，当煤油沸腾后，烧瓶忽然碎裂，煤油在电炉上剧烈燃烧起来，顿时大火夹杂着浓烟笼罩整个化验室，化验员惊慌失措，大声喊叫。这时正在走廊干活的其他人员见状，马上使用灭火器将大火扑灭。扑灭后的现场一片狼藉。从起火到火灭不到2min，如果再耽误一点时间，附近电线和物品将被点燃，将酿成更大火灾。鉴于事态的严重性，小张被通报批评并处罚半年奖金。根据案例请你分析以下问题。

1. 从小张的操作中，你认为他有哪些不恰当的地方。

2. 假如当时你在现场，你会使用什么灭火器进行灭火？扑救火灾我们要依据什么原则？

3. 小张被通报批评并处罚半年奖金，他违反了什么呢？你认为小张接下来应该怎样做呢？

模块 3
试样的采集与制备

职业能力

1. 能叙述气、固、液体采样方案制订的原则和安全知识。
2. 叙述气、固、液体样品采集的方法，能根据样品的特点选择合适的方法。
3. 能够独立制备和保存样品。

通用能力

1. 能够根据环境的变化，选择合适方法的能力。
2. 主动获取信息的能力。
3. 有关操作规范的思维意识。
4. 团队合作能力。

素质目标

1. 探究问题的思维方式。
2. 灵活应变的能力。
3. 调动学生参与方法的形成过程，积极主动学习。
4. 在讨论中学会相互协作、相互欣赏。

相关知识

工业生产的物料往往是大批量的，通常有几十、几百，甚至成千上万吨。虽然原料供应商在供货时一般都附有化验报告或证明，但为了保证正常生产、核算成本和经济效益，几乎所有的生产厂家都对进厂的物料，原料及辅助材料等进行再分析。如何在如此大量的物料中采集有代表性的、仅为几百或几千克的物料送到化验室作为试样是分析测试工作的首要问题。因为如果试样采集不合理，所采集的试样没有代表性或代表性不充分，那么，随后的分析程序再认真、细致，测试的手段再先进也是徒劳的。因此，必须重视分析测试工作的第一道程序——采样。

一、试样的采集

试样的采取和制备，系指先从大批物料中采取最初试样（原始试样），然后再制备成供分析用的最终试样（分析试样）。采样中常用的名词术语主要有以下几项。

子样：在采样点上采集一定量（质量或体积）的物料。

子样数目：在一个采集对象中应布采集样品点的个数。每个采集点应采集量的多少，是根据物料的颗粒大小、均匀程度、杂质含量的高低、物料的总量等多个因素来决定的。一般情况下，物料的量越大，杂质越多、分布越不均匀，则子样的数目和每个子样的采集量也相应增加，以保证采集样品的代表性。

原始平均试样：合并所采集子样得到的试样。

分析化验单位：指的是应采取一个原始平均试样的物料总量。

物料的状态一般有三种：固态、液态和气态。物料状态不同，采样的具体操作也各异。

在国家标准或部颁标准中，对分析对象的采样和样品的制备等都有明确的规定和具体的操作方法，可按标准要求进行。

（一）固体（态）物料试样的采集

固态的工业产品，一般颗粒都比较均匀，采样操作简单。但有些固态产品，如冶炼厂、水泥厂、肥料厂的原料矿石，其颗粒大小不甚均匀，有的相差很大。对不均匀的物料，可参照下面的经验公式计算试样的采集量：

$$Q=Kd^a$$

式中 Q——采集试样的最低量，kg；

d——物料中最大颗粒的直径，mm；

K，a——经验常数，一般取 $K=0.02\sim1$，$a=1.8\sim2.5$。

地质部门一般规定 $a=2$。例如，物料中最大颗粒的直径为 20mm，则 $K=0.06$，最低采样量为 $Q=0.06\times20^2=24$kg。

可见，若物料的颗粒愈大，则最低采样量也愈多。

另外，物料所处的环境可能不尽相同，有的可能在输送皮带上、运输机中、车或斗车里等；应根据物料的具体情况，采取相应的采样方式和方法。

1. 物料流中采样

随运送工具运转中的物料，称为物料流。在确定了子样数目后，应根据物料流量的大小以及物料的有关性质等，合理布点采样。以国家标准《商品煤采样方法》（GB 475—1977）为例，根据煤中灰分含量高低确定布点数（子样数目）和煤的粒度大小，子样应采取的最小数量列于表 3-1 和表 3-2 中。

表 3-1 子样采集数目

煤种/项目	原煤（包括筛选煤）					洗煤产品		
灰分/%	10	10～15	15～20	20～25	>25	<15	15～30	>30
子样数目	15	25	45	65	85	50	60	80

表 3-2 商品煤粒度与采样量

商品煤最大粒度/mm	0～25	25～50	50～100	>100 或原煤
子样数目/个数	1	2	4	5

在物料流中的人工采样，一般使用 300mm 长、250mm 宽的舌形铲，能一次（即操作一次）在一个采样点采取规定量的物料。采样前，应分别在物料流的左、中、右位置布点，然后取样。如果在运转着的皮带上取样，则应将采样铲紧贴着皮带，而不能抬高铲子仅取物料流表面的物料。

2. 运输工具中采样

例如，以燃煤为能源的发电厂，每月进厂的煤为 400 多万吨，平均每天 13 万吨。常用的运输工具是火车车皮（箱）或汽车等。发货单位在煤装车后，应立即采样。而用煤单位则除了采用发货单位提供的样品外，也常按照需要布点后采集样品。根据运输工具的容积不同，可选择如图3-1所示的方法在车厢对角线上布点采样。

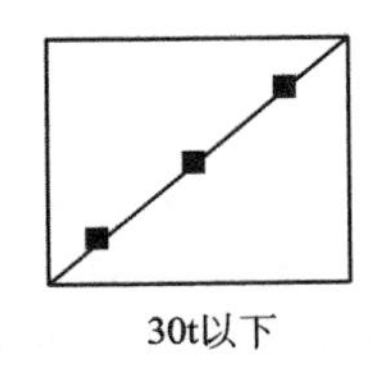

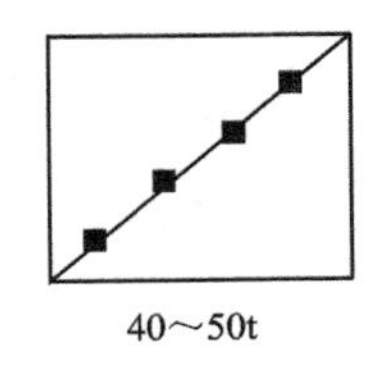

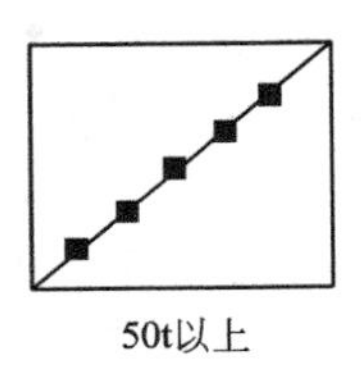

图3-1　商品煤采样点图

对于矿石等块状不均匀物料试样的采集，一般与煤的试样采集相似。但应注意的问题是：当发现正好在布点处有大于150mm的块状物料，而且其质量分数超过总量的5%，则应将这些大块的物料进行粉碎，然后用四分法（见本节“二、试样的制备”）缩分，取其中约5kg物料并入子样内。

若运输工具为汽车、畜力或人力车，由于其容积相对较小，此时可将子样的总数平均分配到1或2个分析化验单位中，再根据运输量的大小决定间隔多少车采1个子样。

【例3-1】某个火力发电厂每天以装载量4t的汽车运来的煤为1500t。若某天煤质灰分为14%，问：应相隔几部车采集一个子样？

【解】查表3-1，当灰分为14%时 应取子样25个，则：

$$n=1500\text{t}/4\text{t}/25=15$$

即每隔15部运煤汽车取1个子样。

3. 物料堆中采样

进厂后的物料通常堆成物料堆，此时，应根据物料堆的大小、物料的均匀程度和发货单位提供的基本信息等，核算应该采集的子样数目及采集量，然后进行布点采样。一般从物料中采样可按下面方法进行，见图3-2。

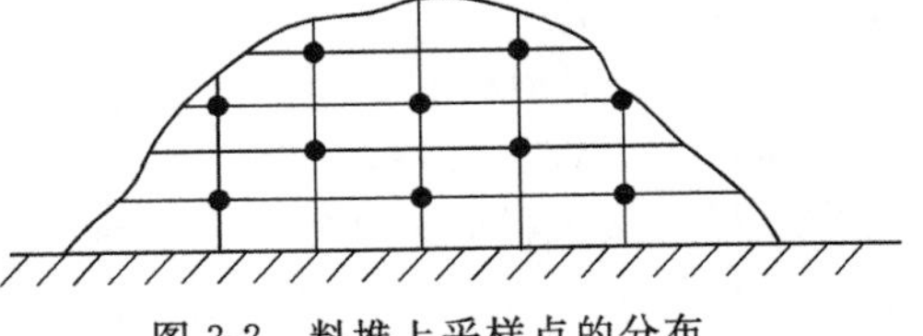

图3-2　料堆上采样点的分布

在物料中采样时，应先将表层0.1m厚的部分用铲子除去。然后以地面为起点，在每间隔0.5m高处划一横线，再每隔1～2m向地面划垂线，横线与垂线相交点即为采样点。用铁铲在采样点处挖0.3m左右深度的坑，从坑的底部向地面垂直的方向挖够一个子样的物料量。最后，将所采集的子样混合成为原始平均试样。

4. 建材行业生产过程中的半成品和成品取样

（1）出磨生料、水泥的取样　水泥生产过程中生料和水泥都是粉状物料，而且是连续生产，连续输送。一般都是取一定时间间隔的平均样（如每小时、每班、每天等），可采用人工定时取样和自动连续取样两种方法。

人工取样可根据生产的具体情况，按规定的时间间隔取样。如每隔0.5h，1h，2h，4h或8h取一次样，倒入样桶，组成这一段时间的平均样，混合均匀后即为实验室样品。

自动连续取样常用的方法有两种：一种方法是在螺旋输送机（绞刀）外壳上钻一个10mm的小圆孔，放入一钢丝“弹簧”，小弹簧焊在绞刀的叶片上，绞刀转动一周，弹簧将物料弹出一点，流入样桶中；另一种方法是在磨机出料口的下料溜子上安装一个螺旋取样器，磨机传动轴转动时带动螺旋转动，使物料连续流出，收集在取样桶内。

（2）水泥熟料的取样　一般水泥厂的熟料样仍是人工采取。取样时要注意立窑的取样方法，由于立窑煅烧的熟料黄粉率较高，为了不影响水泥质量，一般都将熟料的黄粉筛掉。因此取样时应采取除掉黄粉后的熟料作为实验室样品。当黄粉含量不高，与熟料一起入磨时，采样时应注意按黄粉的比率一起取样，以使其具有代表性。普通立窑生产都是每隔一定时间卸料一次，取样时也应每卸料一次取一次样（每次约 1.5～2kg），然后将几次样品混合，组成某段时间的实验室样品。

如果熟料是按质量好坏分堆存放，则应按堆分别取样。

（3）出厂水泥取样　对于出厂水泥可取连续样（如前所述），也可按编号在每个编号的水泥成品堆上 20 个以上不同部位取等量样品，总数不少于 10kg，混合后作为实验室样品。

（4）陶瓷半成品和成品的取样　陶瓷生产过程中，在取注浆泥和釉料浆样品时，取样前要充分搅拌均匀，然后按上中下左右前后七个不同位置各取 1～2 份，混合。塑性泥料取样应在练泥机挤出来的泥条上进行。

每隔 1m 截取 1cm 厚的泥片一块，共取三次，在低于 110℃的温度下烘干。陶瓷干坯的取样，应在干燥后的泥坯中取一件或几件有代表性的坯料，打碎混合。陶瓷成品，应在一批产品中选一件或几件有代表性的产品，然后击成碎片，用合金扁凿将胎上釉层全部剥去，再用稀盐酸溶液洗涤，清水冲洗，除去剥釉过程中引进的铁，置于干燥箱中烘干备用。

（5）玻璃成品的取样　玻璃成品的取样，可在玻璃切边处随机取 20mm×60mm 长条 3～4 条（约 50～100g），洗净、烘干；在喷灯上灼烧，投入冷水中炸成碎粒，再洗净、烘干，作为实验室样品。

（6）钢材试样的取样　钢材分析又称成品分析，它用的试样样屑，应按下列方法之一采取。

① 大断面钢材取样。大断面的初轧坯、方坯、扁坯、圆钢、方钢、锻钢件等，样屑应从钢材的整个横断面或半个横断面上刨取；或从钢材横断面中心至边缘的中间部分（或对角线的 1/4 处）平行于轴线钻取；或从钢材侧面垂直于轴中心线钻取，此时钻孔深度应达到钢材或钢坯轴心处。大断面的中空锻件或管件，应从壁厚内外表面的中间部位钻取，或在端头整个横断面上刨取。

② 小断面钢材取样。小断面钢材包括圆钢、方钢、扁钢、工字钢、槽钢、角钢、复杂断面型钢、钢管、盘条、钢带、钢丝等。不适用“大断面钢材取样”规定取样时，可按下列规定取样：从钢材的整个横断面上刨取（焊接钢管应避开焊缝）；或从横断面上沿轧制方向钻取，钻孔应对称均匀分布；或从钢材外侧面的中间部位垂直于轧制方向用钻通的方法钻取。

钢带、钢丝等应从弯折叠合或捆扎成束的样块横断面上刨取；或从不同根钢带、钢丝上截取。

钢管可围绕其外表面在几个位置钻通管壁钻取；薄壁钢管可压扁叠合后在横断面上刨取。

③ 钢板取样。纵轧钢板，钢板宽度小于 1m 时，沿钢板宽度剪切一条宽 50mm 的试样。

钢板宽度大于或等于 1m 时，沿钢板宽度自边缘至中心剪切一条宽 50mm 的试样。将试样两端对齐，折叠 1～2 次或多次，并压紧弯折处，然后在其长度的中间，沿剪切的内边刨取，或自表面用钻通的方法钻取。

横轧钢板，自钢板端部与中心之间，沿板边剪切一条宽 50mm、长 500mm 的试样，将两端对齐，折叠 1～2 次或多次，并压紧弯折处，然后在其长度的中间，沿剪切的内边刨取，或自表面用钻通的方法钻取。

厚钢板不能折叠时，则按纵轧钢板及横轧钢板取样法所述相应折叠的位置钻取或刨取。然后将等量样屑混合均匀。

（二）液态物料试样的采集

工业生产中的液态物料，包括原材料及生产的最终产品，其存在形式和状态因容器而异，例如，有输送管道中流动着的物料，也有装在储罐（瓶）中的物料等。

1. 流动着的液体物料

这种状态的物料一般在输送管道中，可以根据一定时间里的总流量确定采集的子样数目、采集 1 个子样的间隔时间和每个子样的采集量。可以利用安装在管道上的不同采样阀采集到管道中不同部位的物料。但必须注意：应将滞留在采样阀口以及最初流出的物料弃去，然后才正式采集试样，以保证采集到的试样具有真正的代表性。

2. 储罐（瓶）中的物料

若是采集一定深度层的物料试样，则将采样装置沉入到预定的位置时，通过系在瓶塞上的绳子打开瓶塞，待物料充满采样瓶后，将瓶塞盖好才提出液面。这样采集的物料为某深度层的物料试样。

从大储罐中采集试样有两种方式：一种是分别从上层（距离表层 200mm）、中层、下层分别采样，然后再将它们合并、混合均匀作为一个试样；另一种为采集全液层试样。在未特别指明时，一般以全液层采样法进行采样。例如：有一批液态物料，用几个槽车运送，需采集样品时，则每一个槽车采集一个全液试样（大于或等于 500mL），然后将各个子样合并，制备为原始平均试样。而当物料量很大需要的槽车数量很多时，则可根据采样的规则，统计好应采集原始平均试样的量、子样数目、子样的采集量等，再定下间隔多少个槽车采集一个子样。

3. 小型储罐中的物料

因储存容器的容积不大，最简单的方法是将全罐搅拌均匀后直接取样。采样的工具多用直径约 20mm 的长玻璃管或虹吸管，按一般方法采取。还可以采用液态物料采样管，采样管是由金属长管制成的，下面是锥形，内有能与锥形管内壁密合的重金属陀。重陀的升降用长绳或金属丝操纵。采集样品时，提起重陀，将取样管缓缓地插入液体物料中直至底部，放下重陀，使下端管口闭合。提出取样管，将管内的物料置入试剂瓶即可。

（三）气态物料样品的采集

由于气体物料易于扩散，而容易混合均匀。工业气体物料存在状态如：动态、静态、正压、常压、负压、高温、常温、深冷等，且许多气体有刺激性和腐蚀性，所以，采样时一定要按照采样的技术要求，并且注意安全。

一般运行的生产设备上安装有采样阀。气体采样装置一般有采样管、过滤器、冷却器及气体容器组成。采样管用玻璃、瓷或金属制成。气体温度高时，应以流水冷却器将气样降至常温。冷却器有玻璃制的和金属制的。玻璃冷却器适用于气温不太高的气体物料，金属冷却器适用于气温很高的气体物料。采样时冷却器应向下倾斜，以防止气样中的水蒸气冷凝后流入气体容器。如果气体中含有粉尘或杂质，须以装有玻璃纤维的过滤器进行过滤。常用的气体容器有双连球、吸气瓶、气样管、球胆、气袋、真空瓶等，可根据气体的性质、状态及需要选用。对于不同状态的气体可采用不同的采样方法。

1. 常压气体物料的采样

在工业分析中，气体等于大气压力的气体、低正压和低负压的气体，都称为常压气体。上述气体容器都可用于常压气体的采样。

2. 正压气体物料的采样

气压远远高于大气压力的气体，称为正压气体。正压气体的采样较为简单，一般用球胆、气袋、吸气瓶采样。高正压设备上的采样阀，须使用专用的减压阀。在生产过程中也常常将分析仪器直接与采样装置连接，直接进样分析。

3. 负压气体物料的采样

气压远远低于大气压力的气体，称为负压气体。应视负压情况选用相应的气体容器采样。低负压状态的物料当负压不太高时，可用抽气泵减压法采样，用气样管盛接气体物料；超低负压状态的物料当气体负压过高时，应采用抽空容器采样法，用真空瓶盛接气体物料。

二、试样的制备

原始平均试样一般不能直接用于分析，必须经过制备处理，才能成为供分析测试用的试样。对于液态和气态的物料，由于易于混合均匀，而且采样量较少，经充分混合后，即可分取一定的量进行分析测试，对于固体物料的原始平均试样，除粉末状和均匀细颗粒的原料或产品外，往往都是不均匀的，不能直接用于分析测试。一般要经过以下步骤才能将采集的原始平均试样制备成分析试样。

（一）风干：湿存水的处理

一般样品往往含有湿存水（亦称吸湿水），即样品表面及孔隙中吸附了空气中的水分。其含量多少随着样品的粉碎程度和放置时间的长短而改变。试样中各组分的相对含量也必然随着湿存水的多少而改变。例如，含 SiO_2 60%的潮湿样品 100g，由于湿度的降低重量减至 95g，则 SiO_2 的含量增至 60/95=63.2%。所以在进行分析之前，必须先将分析试样放在烘箱里，在 100～105℃烘干（温度和时间可根据试样的性质而定，对于受热易分解的物质可采用风干的办法）。用烘干样品进行分析，则测得的结果是恒定的。对于水分的测定，可另取烘干前的试样进行测定。

（二）破碎

通过机械或人工方法将大块的物料分散成一定细度物料的过程，称之为破碎。破碎可分为 4 个阶段。

① 粗碎。将最大颗粒的物料分散至 25mm 左右。

② 中碎。将 25mm 左右的颗粒分散至 5mm 左右。

③ 细碎。将 5mm 左右的颗粒分散至 0.15mm 左右。

④ 粉碎。将 0.15mm 左右的颗粒分散至 0.074mm 以下。

常用的破碎工具有锷式破碎机、锥式轧碎机、锤击式粉碎机、圆盘粉碎机、钢臼、铁碾槽、球磨机等。有的样品不适宜用钢铁材质的粉碎机械破碎，只能由人工用锤子逐级敲碎。具体采用哪种破碎工具，应根据物料的性质和对试样的要求进行选择。例如，大量大块的矿石，可选用锷式破碎机；性质较脆的煤和焦炭，则可用手锤、钢臼或铁碾等工具；而植物性样品，因其纤维含量高，一般的粉碎机不适合，选用植物粉碎机为宜。

对试样进行破碎，其目的是为了把试样粉碎至一定的细度，以便于试样的缩分处理，同时也有利于试样的分解处理。当上述工序仍未达到要求时，可以进一步用研钵（瓷或玛瑙材质）研磨。为保证试样具有代表性，要特别注意破碎工具的清洁和不能磨损，以防止引入杂质；同时要防止破碎过程中物料跳出和粉末飞扬，也不能随意丢弃难破碎的任何颗粒。

由于无需将整个原始平均试样都制备成分析试样，因此，在破碎的每一个阶段又包括 4 个工序，即破碎、过筛、混匀、缩分。经历这些工序后，原始平均试样自然减量至送实验室的试样量，一般为 100～200g。

（三）过筛

物料在破碎过程中，每次磨碎后均需过筛，未通过筛孔的粗粒再磨碎，直至样品全部通过指定的筛子为止（易分解的试样过 170 目筛，难分解的试样过 200 目筛）。试样过筛常用的筛子为标准筛，一般为铜网或不锈钢网。缩分操作至最后得到的样品，则应根据要求，粉碎及研磨到一定的细度，全部过筛后作为分析样品储存于广口磨砂试剂瓶中。

（四）混匀

混匀的方法有人工混匀和机械混匀两种。

1. 人工混匀法

人工混匀法是将原始平均试样或经破碎后的物料置于木质或金属材质、混凝土质的板上，以堆锥法进行混匀。具体的操作方法是：用一铁铲将物料往一中心堆积成一圆锥（第一次）；然后将已堆好的锥堆物料，用铁铲从锥堆底开始一铲一铲地将物料铲起，在另一中心重堆成圆锥堆。这样反复操作 3 次，即可认为混合均匀。锥堆操作时，每一铲的物料必须从锥堆顶自然洒落，而且每铲都朝同一方向移动，以保证混匀。

2. 机械混匀法

将欲混匀的物料倒入机械混匀（搅拌）器中，启动机器，经一段时间运作，即可将物料混匀。

另外，经缩分、过筛后的小量试样，也可采用一张四方的油光纸或塑料、橡胶布等，反复沿对角线掀角，使试样翻动数次，将试样混合均匀。

（五）缩分

在不改变物料平均组成的情况下，通过某些步骤，逐步减少试样量的过程称为缩分。常用的缩分方法有如下几种。

1. 分样器缩分法

采用分样器（图 3-3）缩分法的操作如下。用一特制的铲子，（其铲口宽度与分样器的进料口相吻合）将待缩分的物料缓缓倾入分样器中，进入分样器的物料顺着分样器的两侧流出，被平均分成两份。将一份弃去（或保存备查）另一份则继续进行再破碎、混匀、缩分，直至所需的试样量。用分样器对物料进行缩分，具有简便、快速、减少劳动强度等特点。

2. 四分法

如果没有分样器，最常用的缩分方法是四分法，尤其是样品制备程序的最后一次缩分，基本都采用此法。四分法（图 3-4）的操作步骤如下：

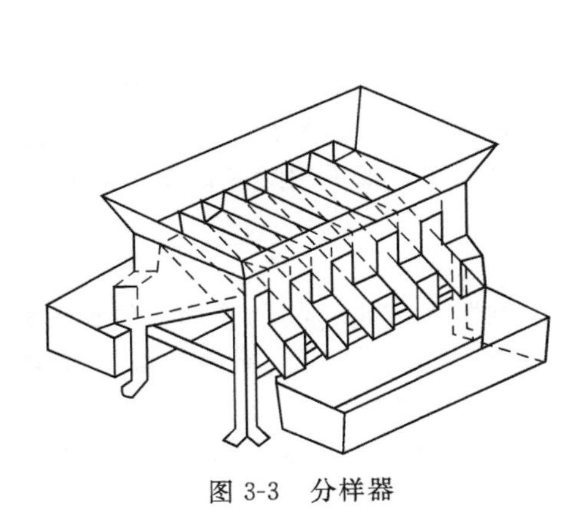

图 3-3　分样器

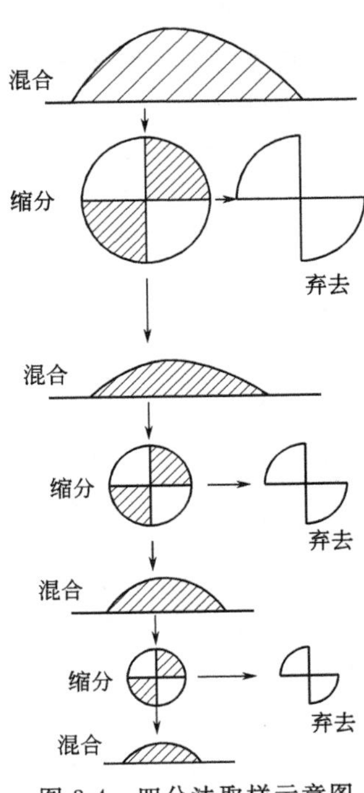

图 3-4　四分法取样示意图

① 将物料按堆锥法堆成圆锥；

② 用平板在圆锥体状物料的顶部垂直下压，使圆锥体成圆台体；

③ 将圆台体物料平均分成 4 份；

④ 取其中对角线作为一份物料，另一份弃去或保存备查；

⑤ 将取用的物料再按①～④步骤继续缩分至约 100～500g，或看需要量而定，即缩分程序完成。

将最后得到的物料装入广口磨砂试剂瓶中储存备用，同时立即贴上标签，标明该物料试样的基本信息（表 3-3）。

表 3-3 试样标签

试样名称：
采集地点：
采集时间：
采集人：
制样时间：
制样人：
制成试样量：
过筛号：

固体物料试样的采集和制备方法，因试样的性质、所处环境、状态以及分析测试要求不同而异。例如，对于棒状、块状、片状的金属物料，可以根据一定的要求以钻取、削或剪的方法进行采样；对特殊要求，如金属材料的发射光谱分析，则可以直接将棒状的金属物料用车床车成电极状，直接用于分析。

常用的缩分法还有棋盘缩分法和正方形缩分法，其操作方法与四分法基本相同。

三、试样的分解

在一般分析工作中，通常先要将试样分解，制成溶液。试样的分解工作是分析工作的重要步骤之一。在分解试样时必须注意：

① 试样分解必须完全，处理后的溶液中不得残留原试样的细屑或粉末；

② 试样分解过程中待测组分不应挥发；

③ 不应引入被测组分和干扰物质；

④ 选择的试样分解方法应与组分的测定方法相适应。

由于试样的性质不同，分解的方法也有所不同。方法有溶解和熔融两种。

（一）无机试样的分解

1. 溶解法

采用适当的溶剂将试样溶解制成溶液，这种方法比较简单、快速。常用的溶剂有水、酸和碱等。溶于水的试样一般称为可溶性盐类，如硝酸盐、醋酸盐、铵盐、绝大部分的碱金属化合物和大部分的氯化物、硫酸盐等。对于不溶于水的试样，则采用酸或碱作溶剂的酸溶法或碱溶法进行溶解，以制备分析试液。

（1）水溶法　可溶性的无机盐直接用水制成试液。

（2）酸溶法　酸溶法是利用酸的酸性、氧化还原性和形成络合物的作用，使试样溶解。钢铁、合金、部分氧化物、硫化物、碳酸盐矿物和磷酸盐矿物等常采用此法溶解。常用的酸溶剂包括：盐酸、硝酸、硫酸、磷酸、高氯酸、氢氟酸、混合酸。

（3）碱溶法　碱溶法的溶剂主要为 NaOH 和 KOH 碱溶法常用来溶解两性金属铝、锌及其合金，以及它们的氧化物、氢氧化物等。

2. 熔融法

(1) 酸熔法 碱性试样宜采用酸性熔剂。常用的酸性熔剂有 $K_2S_2O_7$（熔点 419℃）和 $KHSO_4$（熔点 219℃），后者经灼烧后亦生成 $K_2S_2O_7$，所以两者的作用是一样的。这类熔剂在 300℃以上可与碱或中性氧化物作用，生成可溶性的硫酸盐。如分解金红石的反应是：

$$TiO_2+2K_2S_2O_7 = Ti(SO_4)_2+2K_2SO_4$$

这种方法常用于分解 Al_2O_3、Cr_2O_3、Fe_3O_4、ZrO_2、钛铁矿、铬矿、中性耐火材料（如铝砂、高铝砖）及磁性耐火材料（如镁砂、镁砖）等。

(2) 碱熔法 酸性试样宜采用碱熔法，如酸性矿渣、酸性炉渣和酸不溶试样均可采用碱熔法，使它们转化为易溶于酸的氧化物或碳酸盐。

常用的碱性熔剂有 Na_2CO_3（熔点 853℃），K_2CO_3（熔点 891℃），NaOH（熔点 318℃），Na_2O_2（熔点 460℃）和它们的混合熔剂等。这些熔剂除具碱性外，在高温下均可起氧化作用（本身的氧化性或空气氧化），可以把一些元素氧化成高价（Cr^{3+}，Mn^{2+} 可以氧化成 Cr^{6+}，Mn^{7+}），从而增强了试样的分解作用。有时为了增强氧化作用还加入 KNO_3 或 $KClO_3$，使氧化作用更为完全。

Na_2CO_3 或 K_2CO_3 常用来分解硅酸盐和硫酸盐等。分解反应如下：

$$Al_2O_3 \cdot 2SiO_2+3Na_2CO_3 = 2NaAlO_2+2Na_2SiO_3+3CO_2\uparrow$$

$$BaSO_4+Na_2CO_3 = BaCO_3+Na_2SO_4$$

Na_2O_2 常用来分解含 Se、Sb、Cr、Mo、V 和 Sn 的矿石及其合金。由于 Na_2O_2 是强氧化剂，能把其中大部分元素氧化成高价状态。

例如，铬铁矿的分解反应为：

$$2FeO \cdot Cr_2O_3+7Na_2O_2 = 2NaFeO_2+4Na_2CrO_4+2Na_2O$$

熔块用水处理，溶出 Na_2CrO_4，同时 $NaFeO_2$ 水解而生成 $Fe(OH)_3$ 沉淀：

$$NaFeO_2+2H_2O = NaOH+Fe(OH)_3\downarrow$$

然后利用 Na_2CrO_4 溶液和 $Fe(OH)_3$ 沉淀分别测定铬和铁的含量。

NaOH（KOH）常用来分解硅酸盐、磷酸盐矿物、钼矿和耐火材料等。

3. 烧结法

此法是将试样与熔剂混合，小心加热至熔块（半熔物收缩成整块），而不是全熔，故称为半熔融法又称烧结法。

常用的半熔混合熔剂为：2 份 MgO＋3 Na_2CO_3，1 份 MgO＋ Na_2CO_3，1 份 ZnO＋Na_2CO_3。

此法广泛地用来分解铁矿及煤中的硫。其中 MgO、ZnO 的作用在于其熔点高，可以预防 Na_2CO_3 在灼烧时熔合，保持松散状态，使矿石氧化得以更快、更完全，反应产生的气体容易逸出。此法不易损坏坩埚，因此可以在瓷坩埚中进行熔融，不需要贵重器皿。

(二) 有机试样的分解

1. 干式灰化法

将试样置于马弗炉中加热（400～1200℃），以大气中的氧作为氧化剂使之分解，然后加入少量浓盐酸或浓硝酸浸取燃烧后的无机残余物。

2. 湿式消化法

用硝酸和硫酸的混合物与试样一起置于烧瓶内，在一定温度下进行煮解，其中硝酸能破坏大部分有机物。在煮解的过程中，硝酸逐渐挥发，最后剩余硫酸。继续加热使产生浓厚的 SO_3 白烟，并在烧瓶内回流，直到溶液变得透明为止。

制备鸡蛋壳样品

【任务描述】

某生产钙镁营养品的医药公司为了节约成本，希望利用鸡蛋壳中的钙镁成分。现进行前期的研究工作，需要测定鸡蛋壳中的钙镁含量，请你制备鸡蛋壳样品，使之适合用于试验（200目筛）。

一、请列出本次试验所有的仪器、试剂。

二、请列出你的样品制备步骤。

三、请总结你在样品制备过程中的成功及不足之处。

【考核评价表】

班级： 姓名： 学号： 开始时间： 结束时间：

考核内容与配分	考核指标与具体配分	考核方法及依据	考核标准及要求	考评记录			
				个人自评（ ）	小组互评（ ）	教师评价（ ）	备注
样品的采集、制备操作（100分）	时间观念（10分）	过程考核（50分）	是否准时上课、按时上交作业				
	语言表达能力（10分）		普通话是否标准、流畅				
	获取信息的能力（5分）		是否能自主查阅资料、收集信息				
	知识运用能力（5分）		是否能运用所学知识解答问题、解释现象				
	观察能力（5分）		演示实验时是否能仔细观察并做好相关记录				
	判断性解决问题的能力（5分）		是否能判断性地解决学习上遇到的问题				
	分析问题的能力（5分）		学习过程中是否能对问题进行分析、判断				
	归纳总结的能力（5分）		学习过程中是否能对知识进行归纳总结				
	水样的采集制备	试题考核（20分）	在规定时间内独立完成考核试卷且回答正确				
	矿样的采集制备						
	蛋壳中钙含量的测定样品制备方法	技能考核（30分）	在规定时间内完成样品的制备				
备注							小计

任务二　分解鸡蛋壳样品

【任务描述】

品质部已经制备好鸡蛋壳样品送往检测中心，你作为检测中心的分析检验人员要对样品进行分解，请你选择方便、快捷、节省的方法对样品进行分解。

一、请你列出分解鸡蛋壳的方法。

二、你会选择哪种方法来分解鸡蛋壳样品？为什么？

三、分解过程中，你的困难是什么？

四、本任务中你的成功与不足之处有哪些？

课外阅读　认识鸡蛋壳

我国是世界上禽蛋生产和消费最多的国家。随着人民生活水平的提高和食品工业的发展，鸡蛋的消耗量比以前大大增加，因此产生了大量的鸡蛋壳，按通常蛋壳在全蛋重量中的比例（蛋壳一般占蛋重的 12%）计算，中国每年生产出 400 多万吨蛋壳。

人们已经发现鸡蛋壳在许多方面都有应用，如在医药、日用化工及农业等方面都有广泛的应用。人们已发现鸡蛋壳中含有大量的钙、镁、铁、钾等元素，其中钙（$CaCO_3$）含量高达 93%～95%。准确分析鸡蛋壳中的有用元素，对鸡蛋壳的开发与应用具有重要的实际意义。

蛋壳的物理组成主要是两部分：真壳与壳内膜。由于蛋清的黏附性，打蛋后壳膜上包被着蛋清，可以说废弃蛋壳由蛋壳、壳内膜和残留蛋清三部分组成。其中蛋壳占全蛋重量的 11%～13%；壳内膜约占蛋壳重量的 4%～5%；残留蛋清占蛋壳重的 25%。蛋壳主要由无机物组成，约占整个蛋壳的 94%～97%；有机物约占蛋壳的 3%～6%。真壳中的无机物主要是 $CaCO_3$，其含量高达 93%，Ca 元素含量大于 36%，远高于动物骨的含钙量（12%）；真壳中还含有少量的铁。

鸡蛋壳的主要成分为 $CaCO_3$，其次为 $MgCO_3$、蛋白质、色素以及少量 Fe 和 Al。根据科学研究可知，微量元素是相对主量元素（宏量元素、大量元素）而言的，通常是指生物有机体中含量小于 0.01%的化学元素。根据寄存对象的不同又可将微量元素分为多种类型，目前较受关注的主要是生物体和非生物体中（如岩石中）的两类微量元素。研究表明，目前已研究的元素有 60 余种，其中有 18 种是人体必需的微量元素。钙是人体内含量最多的一种无机盐。机体内的钙，一方面构成骨骼和牙齿，另一方面则可参与各种生理功能和代谢过程，影响各个器官组织的活动。镁是哺乳动物和人类所必需的常量元素，它是细胞内重要的阳离子，参与蛋白质的合成和肌肉的收缩作用，具有调节神经和肌肉活动、增强耐久力的神奇功能。此外，镁也是高血压、高胆固醇、高血糖的“克星”，它还有助于防治中风、冠心病和糖尿病。而铁元素在人体中具有造血功能，还在血液中起运输氧和营养物质作用，如果铁质不够会导致缺铁性贫血，使人脸色萎黄，皮肤失去光泽。

模块 4 物质的分离与提纯

职业能力

1. 能叙述分离与提纯的原则。
2. 能根据混合物的性质，选择不同的分离方法对物质进行分离。
3. 会蒸馏、萃取的原理。
4. 能根据条件选择合适的萃取剂。
5. 能辨别与操作分离与提纯的仪器。
6. 在教师的指导下能独立完成粗盐的提纯。

通用能力

1. 能根据需要查阅资料并获取信息。
2. 思考和判断性解决问题的能力。
3. 分析任务和制订方案的能力。
4. 能进行合理的分工及有效的合作。
5. 能理论联系实际运用理论知识解决实际问题。

素质目标

1. 科学严谨、实事求是、一丝不苟的学习与工作态度。
2. 树立不浪费、勤俭节约的良好品质。
3. 安全、规范操作的意识。

相关知识

分离提纯是指将混合物中的杂质分离出来以提高其纯度。分离提纯作为一种重要的化学方法，不仅在化学研究中具有重要作用，在生产中也同样具有十分重要的作用。不少重要的化学研究与化工生产，都是以分离提纯为主体的，如石油工业通过分离石油中不同的馏分，得到石油气、汽油、煤油等产品。一些高纯度的单质（钛等）和盐类就是通过多次萃取分离提纯的。

把混合物中各物质经过物理（或化学）变化，将其彼此分开，得到较纯净物质的过程，称为物质的分离；而提纯则是从已知成分的混合物中除去所含杂质，使某一物质趋于纯净的过程。在物质的分离和提纯时，既要考虑化学反应原理，又要考虑所选用方法的可行性；既要考虑能除去原有杂质，又要考虑不引入新的杂质；既要考虑除杂方法的可行性，又要考虑操作方法是否简捷；既要考虑选择合适的试剂，又要考虑加入试剂的先后顺序。分离某种混合物或从混合物中提纯某种物质，通常有两大类方法：物理方法和化学方法。

一、分离和提纯的原则

①“不引狼入室”，即除去杂质的同时不能引入新杂质。

②“不玉石俱焚”，指除杂试剂不能与被提纯的物质反应，提纯后的物质成分不变。

③ 实验过程和操作方法简单易行。

④ 节约试剂，最好在除杂的同时能增加被提纯物质的量。

⑤ 对多组分的混合物的分离提纯，一般要考虑物理方法和化学方法综合运用。

二、常用的分离提纯的方法

（一）物理方法

1. 过滤法：固液分离

过滤是把不溶于液体的固体物质跟液态物质分离的一种方法，是最常用的分离方法之一。当沉淀和溶液经过过滤器时，沉淀留在过滤器上；溶液通过过滤器而进入容器中，所得溶液称为滤液。

过滤时，应考虑各种因素的影响而选用不同方法，通常热的溶液黏度小，冷的溶液容易过滤，一般黏度愈小，过滤愈快。减压过滤因产生压强，故比在常压下过滤快。过滤器的孔隙大小有不同规格，应根据沉淀颗粒的大小和状态选择使用。孔隙太大，小颗粒沉淀易透过，孔隙太小又易被小颗粒沉淀堵塞，使过滤难以继续进行。如果沉淀是胶状的，可在过滤前加热破坏，以免胶状沉淀透过滤纸。

常用的过滤方法有常压过滤（普通过滤）、减压过滤（吸滤）和热过滤三种。

（1）常压过滤　此法最为简单、常用。

滤纸有定性滤纸和定量滤纸两大类，区别在于灰化后的灰分多少。定性滤纸灰分少于0.15%，定量滤纸灰分少于0.01%。

定性（定量）滤纸根据滤纸上渗水小孔的疏密程度及大小又分为快速、中速、慢速三种。区别在于过滤的速度不同，胶状沉淀用快速滤纸，晶状沉淀用慢速滤纸。

滤纸的折叠可采用四分法。

首先选择合适的滤纸，将滤纸对折、再对折，但先不要折死。将其撑开呈圆锥状放入漏斗中，如果上沿不十分密合，可改变滤纸的折叠角度，直到与漏斗密合为止，这时可将滤纸的折边折死。如图4-1所示。

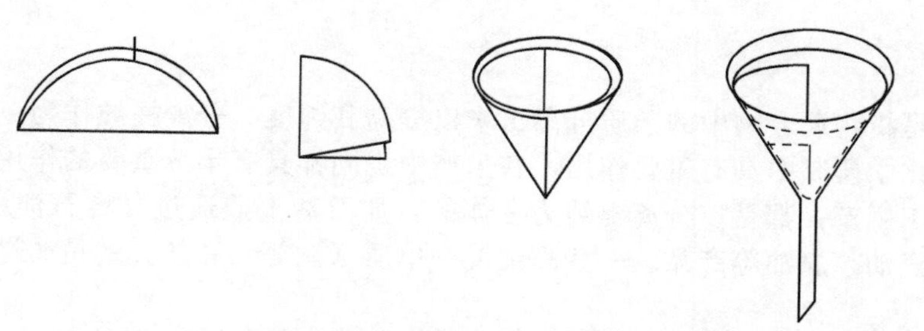

图4-1　滤纸的折叠和过滤器的准备

撕去滤纸三层外面两层的一角，要横撕不要竖撕，撕角的目的是使滤纸能紧贴漏斗。将滤纸放入漏斗，加少量蒸馏水润湿滤纸，轻压滤纸赶走气泡。加水至滤纸边缘，使漏斗颈中充满水，形成水柱。

如不能形成完整的水柱，可用手指堵住漏斗下口，继续向漏斗内加蒸馏水，赶尽滤纸与漏斗间的气泡，同时慢慢放开手指，即可形成水柱。此时可开始过滤操作。

过滤操作应注意做到“一贴、二低、三接触”。具体的常压过滤装置如图 4-2 所示。

①“一贴”。折叠后的滤纸放入漏斗后，用食指按住，加入少量蒸馏水润湿，使之紧贴在漏斗内壁，赶走纸和壁之间的气泡。

②“二低”。滤纸上沿低于漏斗口；加入漏斗中液体的液面应略低于滤纸的边缘（略低约 1cm），以防止未过滤的液体外溢。

③“三接触”。漏斗颈与承接滤液的烧杯内壁相接触，使滤液沿烧杯内壁流下；向漏斗中倾倒液体时，要使玻璃棒一端与轻轻接触；承接液体的烧杯嘴和玻璃棒接触，使欲过滤的液体在玻璃棒的引流下流向漏斗。

(2) 减压过滤　此法可加速过滤，并使沉淀吸得较干燥。

需要仪器：循环水真空泵，吸滤瓶和布氏漏斗。常见的减压过滤装置如图 4-3 所示。

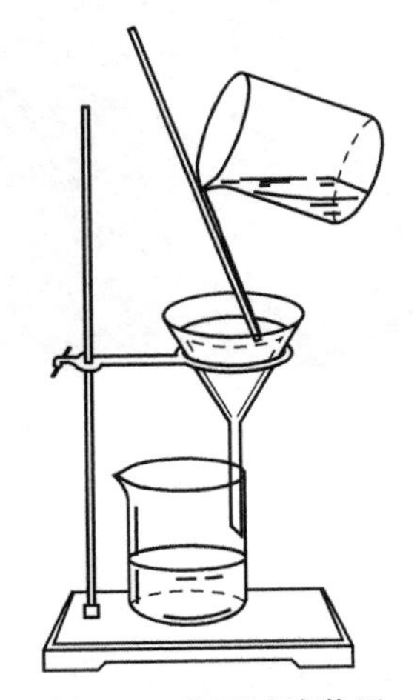

图 4-2　常压过滤装置

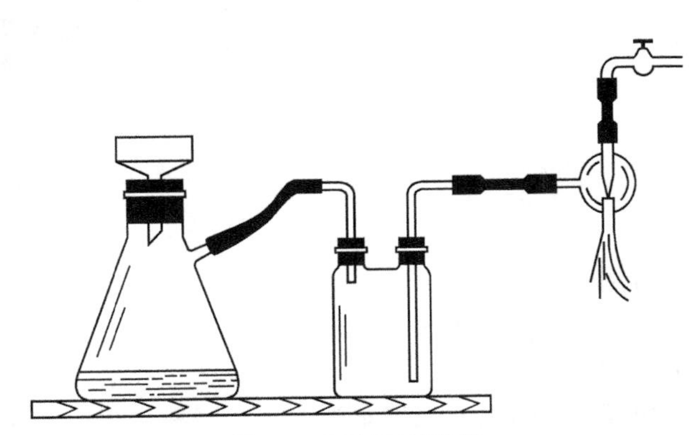

图 4-3　减压过滤装置

原理：通过循环水带走吸滤瓶中的空气，使外界的气压大于吸滤瓶里的气压。这时溶液能够快速通过滤纸进入吸滤瓶中，从而提高了过滤的速度和效率。

减压过滤的准备工作：减压过滤之前，要给循环水真空泵里加入适量的水，把吸滤瓶和布氏漏斗洗干净，并准备好滤纸。

一般滤纸与布氏漏斗口的大小都不匹配，需要对滤纸进行修剪。具体方法如下：取一张滤纸，用手掌压在布氏漏斗口上，这时滤纸上出现一个圆的压痕。用干净的剪刀沿着压痕的内侧修剪滤纸。修剪好的滤纸要略小于漏斗内径，并盖住所有的孔洞。

漏斗安装时，布氏漏斗下方的尖端要远离吸滤瓶的支管口，以免滤液被抽入支管。

用少量蒸馏水润湿滤纸，用橡胶管连接吸滤瓶和真空泵，并开动真空泵，使滤纸紧贴在漏斗底部。这时即可进行减压过滤。

减压过滤操作步骤如下。

① 贴好滤纸：往滤纸上加少量水或溶剂，轻轻开启水龙头，吸去抽滤瓶中部分空气，以使滤纸紧贴于漏斗底上。

② 将待分离溶液用玻璃棒引流，倒入布氏漏斗中，溶液量不超过布氏漏斗容积的 2/3。

③ 调整好抽滤速率，水龙头不要开得太大，否则容易使固体微粒堵塞滤纸孔，影响抽滤效果。

④ 抽滤结束，先拆开瓶与水流泵之间的橡胶管，或将安全瓶上的玻璃阀打开接通大气，

再关闭水龙头，以免水倒吸到抽滤瓶内。

⑤ 若固体需要洗涤时，可将少量溶剂洒到固体上，静置片刻，再将其抽干。滤液要从吸滤瓶的上口倒出，不可从支管倒出，以免污染滤液。

(3) 热过滤　某些溶质在溶液温度降低时，易成晶体析出，为了滤除这类溶液中所含的其他难溶性杂质，通常使用热滤漏斗进行过滤，防止溶质结晶析出。过滤时，把玻璃漏斗放在铜质的热滤漏斗内，热滤漏斗内装有热水（水不要太满，以免水加热至沸后溢出），以维持溶液的温度；也可以事先把玻璃漏斗在水浴锅上用蒸气加热，再使用。热过滤选用的玻璃漏斗颈越短越好。常见的热过滤装置如图 4-4 所示。

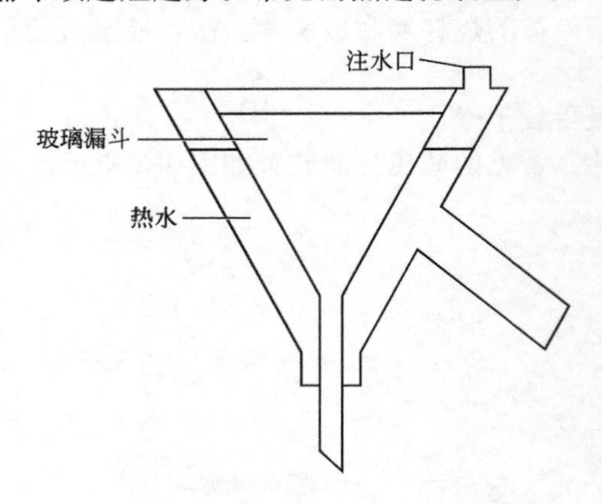

图 4-4　热过滤装置

2. 结晶

结晶方法一般为两种：一种是蒸发结晶；另一种是降温结晶。

(1) 蒸发结晶

① 原理。通过蒸发或气化溶剂，使溶液达到饱和而析出晶体，即蒸发结晶。此法主要用于溶解度随温度改变而变化不大的物质（如氯化钠）。

可以观察溶解度曲线，溶解度随温度升高而升高得很明显时，这个溶质叫陡升型，反之叫缓升型。当陡升型溶液中混有缓升型溶质时，若要分离出缓升型的溶质，可以用蒸发结晶的方法，也就是说，蒸发结晶适合溶解度随温度变化不大的物质。

例如：当 NaCl 和 KNO_3 的混合物中 NaCl 多而 KNO_3 少时，即可采用此法，先分离出 NaCl，再分离出 KNO_3。

② 操作过程。在蒸发皿中进行，蒸发皿放于铁架台的铁圈上，倒入液体不超过蒸发皿容积的 2/3，蒸发过程中不断用玻璃棒搅拌液体，防止受热不均，液体飞溅。看到有大量固体析出，或者仅余少量液体时，停止加热，利用余热将液体蒸干。

(2) 降温结晶

原理。通过降低温度使溶液冷却达到饱和而析出晶体，叫降温结晶。这种方法主要用于溶解度随温度下降而明显减小的物质（如硝酸钾），有时需将两种方法结合使用。

降温结晶后，溶质的质量变小；

溶剂的质量不变，溶液的质量变小；

溶质质量分数变小；

溶液的状态是饱和状态。

(3) 结晶注意事项

① 结晶的晶体颗粒的大小与结晶条件有关，如果溶质的溶解度小，或溶液的浓度高，

或溶剂的蒸发速度快或溶液冷却得快，析出的晶粒就细小；反之，就可得到较大的晶体颗粒。实际操作中，常根据需要，控制适宜的结晶条件，以得到大小合适的晶体颗粒。

当溶液发生过饱和现象时，可以振荡容器，用玻璃棒搅动或轻轻地摩擦器壁，或投入几粒晶体（晶种），促使晶体析出。

② 假如第一次得到的晶体纯度不合乎要求，可将所得晶体溶于少量溶剂中，然后进行蒸发（或冷却）、结晶、分离，如此反复操作称为重结晶。有些物质的纯化，需经过几次重结晶才能完成。由于每次溶液中都含有一部分溶质，所以应加起来，加以适当处理，以提高产率。

3. 蒸馏

（1）定义　蒸馏是利用混合液体或液-固体系中各组分沸点不同，使低沸点组分蒸发，再冷凝以分离整个组分的单元操作过程，是蒸发和冷凝两种单元操作的联合。与其他的分离手段，如萃取、分液等相比，它的优点在于不需使用系统组分以外的其他溶剂，从而保证不会引入新的杂质。

（2）特点

① 蒸馏操作，可以直接获得所需要的产品，而吸收和萃取还需要其他组分。

② 蒸馏分离应用较广泛，历史悠久。

③ 能耗大，在生产过程中产生大量的气相或液相。

（3）蒸馏的主要仪器及具体操作　蒸馏烧瓶，温度计，冷凝管，接液管，酒精灯，石棉网，铁架台，锥形瓶，橡胶塞。常见的蒸馏装置如图 4-5 所示。

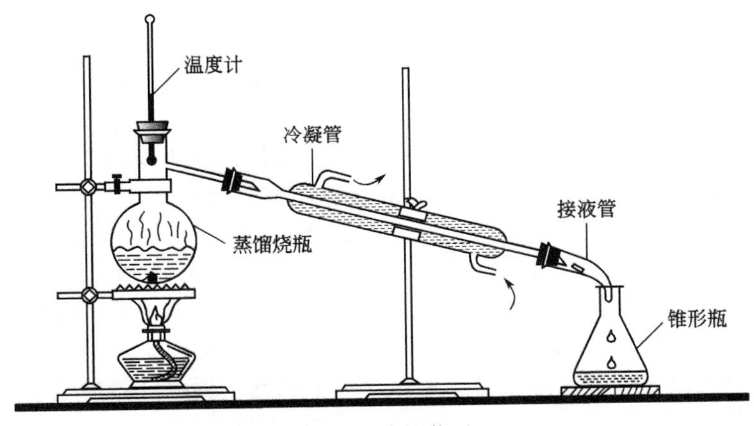

图 4-5　蒸馏装置

蒸馏操作是化学实验中常用的实验技术，一般应用于以下几方面。

① 分离液体混合物，仅对混合物中各成分的沸点有较大的差别时才能达到较有效的分离；

② 测定纯化合物的沸点；

③ 提纯，通过蒸馏含有少量杂质的物质，提高其纯度；

④ 回收溶剂，或蒸馏出部分溶剂以浓缩溶液。

（4）操作步骤

① 组装仪器。装配方法、装配蒸馏装置，大致分以下几个步骤。

a. 准备好所用的全部仪器、设备。根据液体的沸点，选择好热源、冷凝器及温度计；根据液体的体积，选择好蒸馏烧瓶和接收器。

选好三个大小合适的塞子：一个要适合于蒸馏烧瓶口，钻孔后插入温度计；一个要适合于冷凝管上口（钻孔后套在蒸馏烧瓶的支管上），支管口应伸出塞子 2～3cm；一个要适合接液管上口，钻孔后套在冷凝器的下口管上，管口应伸出塞子 2～3cm。如选择的是水冷凝管，需将其进出水口处套上橡胶管，进水口橡胶管接在自来水龙头上，出水口橡胶管通入水槽中。

b. 组装仪器。用铁三脚架，升降台或铁圈，定下热源的高度和位置。

调节铁架台上持夹的位置，将蒸馏烧瓶固定在合适的位置上，夹持烧瓶的单爪夹应夹在烧瓶支管以上的瓶颈处（远离热源的地方）且不宜夹得太紧。

将配有温度计的塞子塞在蒸馏烧瓶口上，调节温度计的位置，使水银球上沿恰好位于蒸馏烧瓶支管口下沿所在的水平线上。

根据蒸馏烧瓶支管的位置，用另一铁架台，夹稳冷凝管，通常用双爪夹夹持冷凝管，双爪夹不能夹得太紧，若为空气冷凝管，可垫些柔软物再夹持，夹的位置以在冷凝管的中间部分较为稳妥。冷凝管的位置应与蒸馏烧瓶的支管尽可能在处在同一直线上，松开双爪夹挪动冷凝管，使其与蒸馏烧瓶连接好，重新旋紧。

最后将接液管与冷凝管接上，再在接液管下口端安放好接受器并注意接液管口应伸进接受器中，不应高悬在接受器的上方，更不要在接液管下口处配上塞子，塞在只有一个开口的接受器上，因为这样整套装置中无一处与大气相连，成了封闭体系。

综上所述，装配顺序是：由下而上，由头至尾。即由热源——烧瓶——冷凝管——接液管——接受器。

② 加料。将待蒸馏液通过玻璃漏斗小心倒入蒸馏瓶中，要注意不使液体从支管流出。加入几粒助沸物，安好温度计，温度计应安装在通向冷凝管的侧口部位。再一次检查仪器的各部分连接是否紧密和妥善。

③ 加热。先打开冷凝水开关，从冷凝管下口缓缓通入冷水，自上口流出引至水槽中，然后开始加热。加热时可以看见蒸馏瓶中的液体逐渐沸腾，蒸汽逐渐上升。温度计的读数也略有上升。当蒸汽的顶端到达温度计水银球部位时，温度计读数就急剧上升。这时应适当调小煤气灯的火焰或降低加热电炉或电热套的电压，使加热速度略为减慢，蒸汽顶端停留在原处，使瓶颈上部和温度计受热，让水银球上液滴和蒸汽温度达到平衡。然后再稍稍加大火焰，进行蒸馏。控制加热温度，调节蒸馏速度，通常以每秒 1～2 滴为宜。

④ 观察沸点及收集馏液。进行蒸馏前，至少要准备两个接受瓶。因为在达到预期物质的沸点之前，沸点较低的液体先蒸出。这部分馏液称为“前馏分”或“馏头”。前馏分蒸完，温度趋于稳定后，蒸出的就是较纯的物质，这时应更换一个洁净干燥的接受瓶接受。

蒸馏完毕，应先停止加热，然后停止通水，拆下仪器。拆除仪器的顺序和装配的顺序相反，先取下接受器，然后拆下尾接管、冷凝管、蒸馏头和蒸馏瓶等。

（5）操作要点

① 在蒸馏烧瓶中放少量碎瓷片，防止液体暴沸。

② 温度计水银球的位置应与支管口下端位于同一水平线上。

③ 蒸馏烧瓶中所盛放液体不能超过其容积的 2/3，也不能少于 1/3。

④ 冷凝管中冷却水从下口进，上口出。

⑤ 加热温度不能超过混合物中沸点最高物质的沸点。

4. 萃取

（1）定义　利用溶质在两种互不相溶的溶剂中的溶解度的差别，用溶解度较大的溶剂把溶质从溶解度较小的溶剂中提取出来的操作叫萃取。

（2）萃取剂的要求

① 与原溶剂互不溶；

② 与溶质不发生化学反应；

③ 溶质在其中的溶解度远大于溶质在原溶剂中的溶解度。

常用萃取剂：四氯化碳、苯、汽油、煤油。

(3) 萃取的操作过程

① 用量筒量取适量待分离混合物，倒入分液漏斗，然后再注入萃取剂。

② 用右手压住分液漏斗口部，左手握住活塞部分，分液漏斗转过来用力振荡。振荡。

③ 把分液漏斗放在铁架台上，静置。

④ 待液体分层后，将分液漏斗上的玻璃塞打开，或使塞上的凹槽（或小孔）对准漏斗上的小孔，再将分液漏斗下面的活塞打开，使下层液体漫漫流出。

(4) 操作要点

① 分液时，不要使上层的液体流出，上层液体要从分液漏斗的上口倒出。

② 分液时，分液漏斗下口尖端要紧贴烧杯内壁。

③ 分离液体混合物的常用方法有两种：分液；蒸馏。前者适用于互不相溶的液体混合物；后者适用于沸点不同但又互溶的液体混合物。

5. 分液

(1) 适用范围　分离互不相溶的液体混合物，如油水混合物。

(2) 仪器　分液漏斗一般分为球形分液漏斗（图 4-6）、梨形分液漏斗（图 4-7），上面的塞子称为活塞，下面颈脖子上的塞子称为旋塞。

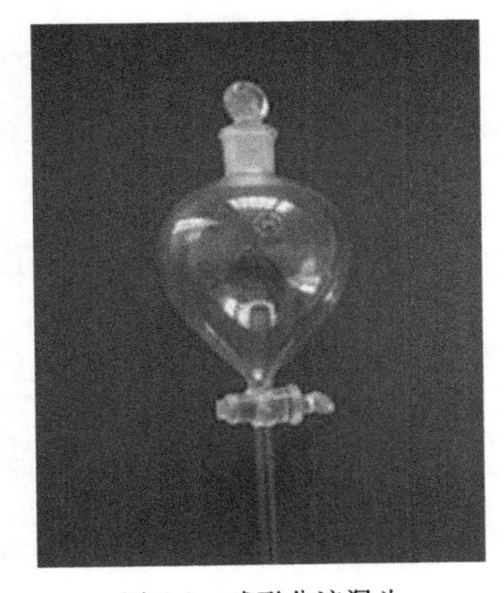

图 4-6　球形分液漏斗

图 4-7　梨形分液漏斗

(3) 操作步骤

① 检漏。检验分液漏斗下端的活塞和上部的玻塞是否漏水。检验方法：在漏斗中加入少量水，静置一会，观察活塞是否漏水；将漏斗倒转过来，静置一会，观察玻塞是否漏水。使用前要将漏斗颈上的旋塞芯取出，涂上凡士林，插入塞槽内转动使油膜均匀透明，且转动自如。

② 装液。将漏斗放置于铁架台的铁圈上，打开玻塞，往漏斗中溶液，盖好玻塞。

③ 振摇。右手压住分液漏斗的玻塞，左手握住活塞部分（注意：左右手各手指的手势，要使左手能方便地打开、关闭活塞），将漏斗倒转过来用力振摇，并打开活塞放气，为什么？（萃取剂多为有机试剂，易挥发，使漏斗中的压强增大，放气是为防止漏斗中压强过大，使液体冲出）。该操作要重复数次。

④ 静置分层。将漏斗重新放回铁圈中，静置，液体重新分为两层，观察两层液体颜色的变化。

⑤ 放液。在漏斗下方放一个烧杯（漏斗下口尖嘴紧靠烧杯壁），打开漏斗的玻塞或是塞

上的凹槽或小孔对准漏斗口上的小孔，打开活塞，使下层液体由漏斗下口流出至烧杯中（注意：液体流出速度先快后慢，防止上层液也从下口流出）。

（二）化学方法

1. 沉淀法

加入一种试剂和杂质反应生成沉淀经过滤而除去。如：HNO_3中混有H_2SO_4，可加入适量的$Ba(NO_3)_2$溶液；KNO_3中混有少量的KCl，可用加入适量$AgNO_3$溶液的方法。

2. 化气法

加入一种试剂和杂质反应，使其生成气体而除去。如一般某盐中混有少量碳酸盐、碳酸氢盐等常用此法除去。如NaCl溶液中混有Na_2CO_3，可加入适量的稀盐酸。

3. 置换法

在某盐溶液中加入某金属，把盐溶液中的金属置换出来，从而把杂质除去。如，$ZnSO_4$溶液中混有$CuSO_4$溶液，可加入过量的锌。

4. 转化法

通过某种方法，把杂质转化为被提纯的物质。如CO_2气体中混有少量的CO，可将混合气体通过盛有足量灼热的CuO的试管。

5. 加热法

通过加热的方法使杂质转化为气体或使杂质分解变成气体而除去。如CuO中混有少量的木炭粉，可把混合物放在氧气流中加热，使C转化为CO_2气体而除去。

6. 吸收法

把混合气体通过某溶液，使其中杂质被吸收。如CO中混有少量CO_2，可将混合气体通入足量的NaOH溶液，CO_2被吸收而除去。

7. 溶解法

往混合物中加入某种溶液将杂质溶解而除去。如Cu里混有少量CuO，可往其中加入足量稀硫酸（或盐酸）CuO溶解过滤而除去。

物质的分离与提纯经常综合运用物理方法和化学方法。一般先用化学方法进行处理，再用物理方法进行分离操作。

相关链接：气体的干燥

气体的干燥就是除去气体中所含的水蒸气。这也是除杂中的一种。如表4-1所示，即为几种常见干燥剂。

表4-1 常用的干燥剂

常用的干燥剂	浓H_2SO_4（酸性）	无水$CaCl_2$（中性）	固体NaOH、碱石灰、CaO（碱性）
可干燥气体	中性、酸性	氨气除外的所有气体	中性、碱性
举例	H_2，CO_2	N_2，CO_2	N_2，NH_3

任务一 水煮西红柿汤和有油西红柿汤的启示

【任务描述】

西红柿，其主要营养就是维生素，其中，最重要、含量最多的就是胡萝卜素中的一种——番茄红素。研究证明：番茄红素具有独特的抗氧化能力，可以清除人体内导致衰老和疾病的自由基；预防心血管疾病的发生；阻止前列腺的癌变进程，并有效地减少胰腺癌、直肠癌、喉癌、口腔癌、乳腺癌等癌症的发病危险。番茄红素的含量与西红柿中可溶性糖的含量是负相关的关系，也就是说，越是不甜的西红柿，其中番茄红素含量越高。西红柿还具有美容疗效，能使皮肤有弹性、有光泽，可制成美容产品。请你煮两份 100mL 的西红柿汤，一份水煮，一份加油煮。放置，对比两份西红柿汤。

一、请列出本次试验所用的仪器、试剂。

二、两杯西红柿汤有什么不同？为什么有这些不同呢？给了你什么启示呢？

三、如何把西红柿汤中的油去掉呢？

任务二　粗盐的提纯

【任务描述】

古人将天然盐称为卤，人工的则称为盐。食盐，又称餐桌盐，是人类生存最重要的物质之一，也是烹饪中最常用的调味料。盐的主要化学成分氯化钠（NaCl）在食盐中含量为 99%，盐的制作与使用起源于中国。中国食盐标准由国家规定，感官指标为色白，无可见的外来杂物，味咸，无苦味，无异臭。食盐分精制盐、粉碎洗涤盐、普通盐，此外还有特种食盐。某食用盐生产企业以溶解粗盐制成的卤水为原料，要生产出精制盐。请你根据所学知识，设计出生产方案并计算产率。

【引导性问题】

1. 粗盐里面有什么杂质？
2. 这些杂质要使用什么办法来使杂质容易分离？
3. 用什么标准来检验杂质是否分离完全呢？
4. 分离杂质后要使用什么操作来提纯？
5. 根据你的意见，在劳动保护方面会出现哪些危险？
6. 为了避免这些危险，要采取哪些措施？
7. 在提纯的过程中应注意哪些环保问题？

一、仪器、试剂有哪些？

二、实验步骤有哪些？

三、 怎样检验提纯后食盐的纯度?

四、 实验数据（产率的计算）。

五、 本任务小结。

课外阅读

盐从何而来

盐是地壳中普遍存在的物质，由于易溶于水，因此常被雨水带进河川再流入大海。据统计，每年从陆地流入海洋的盐大约有 1.1 亿吨，而全球海洋所含盐分约 4500 亿吨以上。

盐，以海盐为多。因为海盐的产量大，成本较低，可以大规模生产提纯，质量也较好，便于运输。另外还有岩盐，又叫崖盐，也就是矿石样的，是开采出来的盐矿。还有井盐，是在地上凿井，汲取地下的盐水，再用锅熬制提炼而成。井盐以四川自贡地区所产的最为知名。另有湖盐，就是著名的青海盐湖所出产的盐，那是亿万年前由于地质变化，被封闭于内陆的海水蒸发后形成的露天盐矿。青海的盐湖，主要分布在柴达木盆地，这里有察尔汉、茶卡、达布逊、大柴旦、小柴旦等 30 多个盐湖，湖中含有近万种矿物和 40 余种化学成分的卤水，是我国无机盐工业的重要宝库。盐类形状十分奇特，有的像璀璨夺目的珍珠，有的像盛开的花朵，有的像水晶，有的像宝石，因此才有珍珠盐、玻璃盐、钟乳盐、珊瑚盐、水晶盐、雪花盐、蘑菇盐等许多美丽动人的名称。察尔汉盐湖是我国最大的盐湖，距格尔木市 60 多公里，青藏公路横穿此湖的 32 公里路面全用盐铺成，被称为“万丈盐铺”。茶卡盐湖，面积 105 平方公里，储盐量达 4 亿 4 千多万吨，已有 3000 多年的开采史。还有山西等地以水冲洗盐碱地，待夏秋南风一吹，再结晶而得的池盐。史书还记载了其他诸多特殊的盐，有几十种，如甘肃张掖西北出的桃花盐、青海的青盐、波斯国（今伊朗）的石子盐等。据说最好的食用盐叫光明盐，如同水晶一样晶莹清澈，出产于青海某些咸水湖的水里，也就是盐在自然界的过饱和状态的溶液中形成的结晶体。

按产地划分可分为：芦盐（天津、河北）、淮盐（江苏）、闽盐（福建）、粤盐（广东）、湘盐（湖南）、雅盐（内蒙古）、大青盐（内蒙古）、川盐（四川）。

按资源划分可分为：海盐、湖盐、井矿盐。

按加工方法划分可分为：原盐、精制盐、洗涤盐、粉碎洗涤盐。

按用途划分：加碘盐、畜牧盐、肠衣盐、调味盐、低钠盐、儿童营养盐。

模块 5 分析检验用天平的规范使用

职业能力

1. 能叙述托盘天平、电光分析天平、电子天平的基本构造及使用规程。
2. 会使用托盘天平进行粗称。
3. 能使用电光分析天平，用指定质量称样法独立称取一定质量的物品。
4. 能使用电子天平，用减量称样法独立称取指定质量范围的试剂。
5. 能排除天平简单的故障及校准。

通用能力

1. 获取资讯的能力。
2. 知识的运用能力。
3. 归纳总结能力。

素质目标

1. 规范操作的意识。
2. 严谨的工作作风。
3. 爱护公共财产的社会道德。

相关知识

天平是一种测量物体引力质量的仪器，其种类繁多，应用广泛，不仅在物理、化学、生物、材料等众多学科的实验中发挥重要的作用，而且作为计量工具，在工农业生产、市场经济和技术部门也发挥了巨大的作用。天平是定量分析中最重要、最常用的精密计量仪器之一，用来准确称取一定质量的物品。分析工作者必须熟悉天平的结构和性能，掌握其正确的使用技术和一般的维护保养及简单的调修方法。

一、天平的主要技术数据

(一) 最大称量

最大称量又叫最大载荷，表示天平可称量的最大值，用 Max 表示。天平的最大称量必须大于被称量物品可能的质量。在分析工作中常用的天平最大称量一般为 100～200g。

(二) 分度值

天平标尺一个分度相对应的质量叫检定标尺分度值，简称分度值。即天平读数标尺能够读取的有实际意义的最小质量数，用 e 表示。最大载荷为 100～200g 的分析天平的分度值一般为 0.1mg，即万分之一的天平；最大载荷 20～30g 的分析天平其分度值一般为 0.01mg，即十万分之一的天平。

天平的分度值越小，灵敏度越高。

天平的最大称量与分度值之比称为检定标尺分度数，用 n 表示。公式为：

$$n = Max/e$$

n 值越大的天平，其准确度级别越高。

（三）秤盘直径

称盘直径表示天平所能容纳待称物的直径大小。

二、天平的种类

按国家标准 JJG 98—1990 规定，根据是否直接用于检定传递砝码的质量量值，天平可分为“标准天平”和“工作用天平”两类。供各级计量部门作标准质量传递和检定砝码使用的天平称为“标准天平”，其他天平一律称为“工作用天平”。工作用天平又分为分析天平、工业天平和托盘天平等。分析天平用于科研和工业微量化学分析及高准确度衡量；工业天平用于工业分析及中等准确度衡量；托盘天平常用于粗称药品。

分析天平按构造原理来分，分为机械式天平和电子天平两大类。机械式天平可分为等臂双盘天平和不等臂单盘天平，又可分为部分机械加码电光分析天平（即半自动电光分析天平）和全机械加码电光分析天平（全自动电光分析天平）。

按天平的检定标尺分度值 e 和检定标尺分度数 n，将天平划分为以下四个准确度类别。

① 特种准确度级高精密天平，符号为Ⅰ，简称特准。

② 高准确度级精密天平，符号为Ⅱ，简称高准。

③ 中准确度商用天平，符号为Ⅲ，简称中准。

④ 普通准确度级普通天平，符号为Ⅳ，简称普准。

天平的准确度类别跟 e、n 的关系见表 5-1。

表 5-1 天平的准确度类别与 e、n 的关系

准确度类别及代号	检定标尺分度值 e	检定标尺分度数 $n=Max/e$		准确度类别及代号	检定标尺分度值 e	检定标尺分度数 $n=Max/e$	
		最小	最大			最小	最大
特准Ⅰ	$e\leqslant5\mu g$ $10\mu g\leqslant e\leqslant500\mu g$ $e\geqslant1mg$	1×10^3 5×10^4 5×10^4	不限制	中准Ⅲ	$0.1g\leqslant e\leqslant2g$ $e\geqslant5g$	1×10^2 5×10^2	1×10^4 1×10^4
高准Ⅱ	$e\leqslant500mg$ $e\geqslant0.1g$	1×10^2 5×10^3	1×10^5 1×10^5	普准Ⅳ	$e\geqslant5g$	1×10^2	1×10^3

三、常用的分析天平

目前，分析室中广泛使用的分析天平有以下几种。

（一）半自动双盘电光分析天平

半自动双盘电光分析天平又叫部分机械加码电光分析天平，见图 5-1。它属于双盘等臂式天平，1g 以上的砝码由手工加减，1g 以下的砝码由机械加减，10mg 以下的质量通过光学投影装置放大后读取。常用型号为 TG—328B，最大称量为 200g，分度值为 0.1mg。

（二）全自动双盘电光分析天平

全自动双盘电光分析天平见图 5-2，这种天平是在半自动电光分析天平的基础上发展起来的。全部砝码采用机械操作，使用更为方便，其型号为TG—328A，最大称量为200g，分度值为0.1mg。

图5-1 半自动双盘电光分析天平

图5-2 全自动双盘电光分析天平

（三）单盘电光分析天平

单盘电光分析天平是指减码式不等臂单盘分析天平。这种天平只有一个秤盘，操作简便快速，见图5-3。如DT-100型单盘电光分析天平的最大称量为100g，分度值为0.1mg。

（四）电子天平

电子天平采用电磁力平衡原理，全部采用数字显示，不用刀口刀承，不用砝码，不存在机械磨损，称量快速准确，使用起来极为方便，是代表计量发展方向的天平，见图5-4。

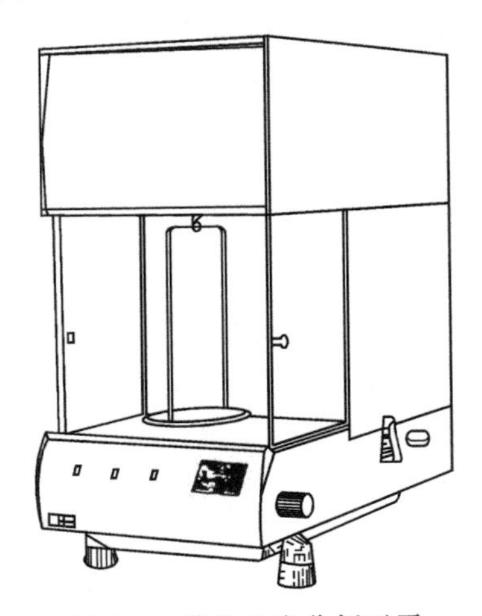

图5-3 单盘电光分析天平

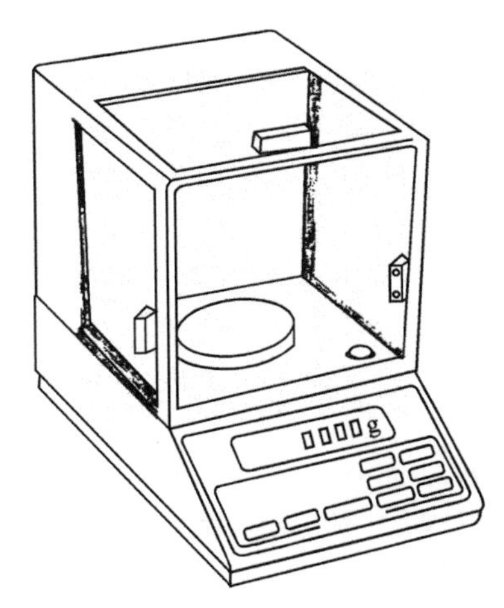

图5-4 电子天平

四、天平的选择

选择合适的天平，主要是考虑天平的最大称量和分度值应满足称量工作的要求，其次是天平的结构形式要适应称量工作的特点。

（一）天平精度的要求

天平的精度即分度值，其依据是称量结果精度的要求。天平的精度要满足称量结果的要求。首先是天平应达到应有的精度；其次是在满足精度的前提下，天平的精度不应选得太高。精度不够，会造成误差；精度太高，会造成不必要的浪费。

（二）最大称量的要求

要让天平的最大称量满足称量的要求。通常是将常用载荷（称量值）再放宽一些。被称量物的质量既不能超过天平的最大称量，同时也不能比天平的最大称量小太多。这样才能保证天平不因超载受损，又能使称量达到必要的准确度。

（三）结构形式的要求

天平的结构形式应适应称量工作的特点，还要考虑称量物的形状、体积，要让其稳当地放置在天平的秤盘上。

五、双盘电光分析天平

（一）双盘电光分析天平的工作原理

双盘电光分析天平分为半自动电光分析天平和全自动电光分析天平两种，它们都是根据杠杆原理设计而成的。如图 5-5，设 AOB 为一杠杆，O 为支点，A 为重点，B 为力点，AO 和 BO 为杠杆的两臂，长度分别为 l_1、l_2，若在左端 A 上放一质量为 m_1 的物体，为使杠图 5-5 中杠杆符合杠杆原理而维持原来的位置，必须在右端 B 上加一质量为 m_2 的砝码。

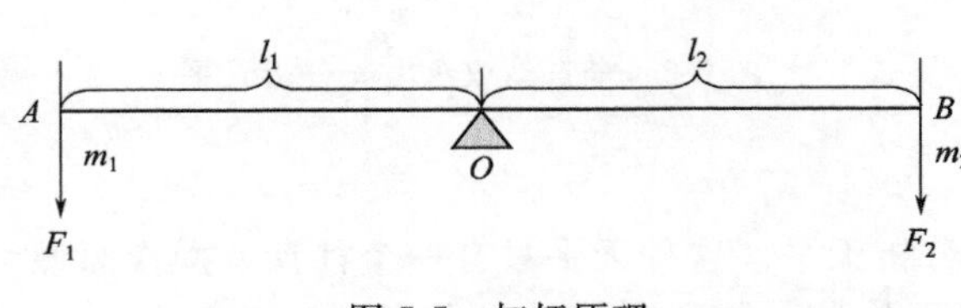

图 5-5　杠杆原理

当达到平衡时，根据杠杆原理，支点两边的力矩相等，即：

$$F_1 Z_1 = F_2 Z_2$$

因 $F=mg$（g 为重力加速度，同一地点 g 值相同），则 $m_1 l_1 = m_2 l_2$；

若 O 点为杠杆 AOB 的中点，则两臂等长，即 $l_1 = l_2$，所以 $m_1 = m_2$。

由此可知，等臂天平达到平衡时，被称量物体质量等于所加砝码质量。显然，分析天平称量的结果是物体的质量而不是重量。

（二）双盘电光分析天平的结构

1. 半自动双盘电光分析天平的结构

以 TG—328B 型天平为例。半自动双盘电光分析天平的结构见图 5-6，主要由外框部分、立柱部分、横梁部分、悬挂系统、制动系统、光学读数装置和机械加码装置七部分组成。

(1) 外框部分　外框部分包括底板和框罩，用以保护天平，使之不受灰尘、湿气、热辐射和外界气流的影响。底板是天平的基座，用于固定立柱、天平足和制动器座架，为了稳固，一般用大理石或金属制成。底板下面有三只脚，前面两只是螺丝脚，用来调节天平的水平位置，后面一只是固定脚，每只脚下面都装有橡胶制的防震脚垫。

框罩是木制框架，镶有玻璃，装于底板四周，前门和两个侧门均为玻璃门。前门可向上升起，应不自落，供安装、修理、清扫天平时用，称量时一般不打开。侧门供称量时用，左门用于取放称量物，右门用于取放砝码。

(2) 立柱部分　立柱是“天平的脊梁”，作为支撑横梁的骨架。它是一空心金属柱，垂直地固定在底板上，柱内有制动器升降杆，可带动梁托架和托盘翼板上下运动。立柱上装有阻尼器支架、气泡水准器、中刀承等零件。

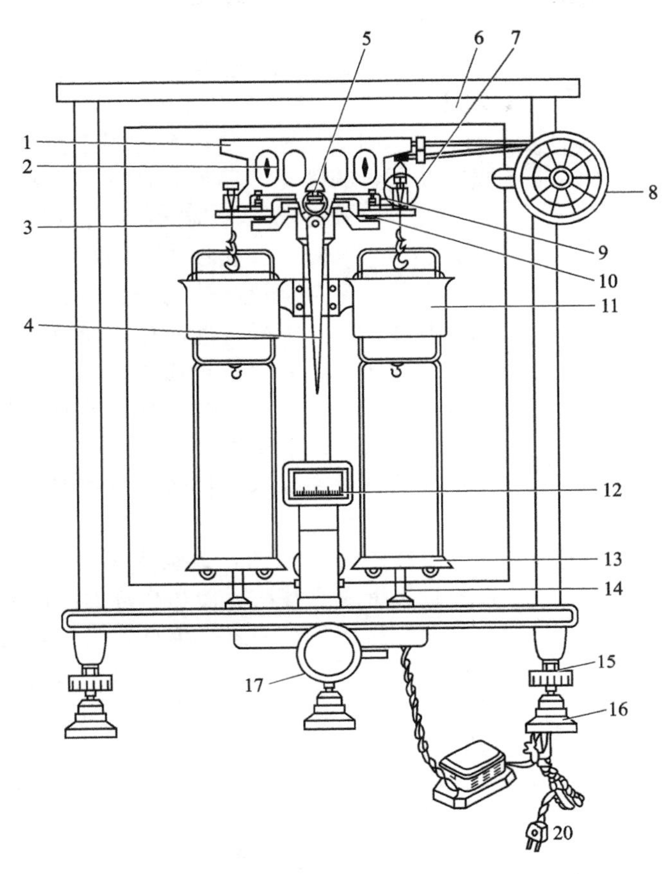

图 5-6　半自动双盘电光分析天平的结构（左边）
1—天平横梁；2—平衡砣；3—吊耳；4—指针；5—支点架；6—框架；7—环码；
8—指数盘；9—支柱；10—托叶；11—阻尼器；12—投影屏；13—秤盘；
14—盘托；15—天平足；16—垫脚；17—升降旋钮

（3）横梁部分　横梁是“天平的心脏”，天平通过它的杠杆作用实现称量，因此横梁的设计、用料、加工都直接影响它的精度和计量性能（图 5-7）。对横梁的要求是质量轻，载重时不变形，抗腐蚀，所用材料的膨胀系数小。材料一般采用铝或铜合金，高精度天平则采用非磁性的不锈钢或膨胀系数很小的钛合金。横梁上装有三把菱形刀、平衡螺丝、重心砣（或重心球）、指针和微分标尺。

① 三把菱形刀。横梁上装有三把玛瑙或宝石菱形刀。中间的一把是固定的，刀口向下，架在天平立柱顶端的玛瑙平板上，称为支点刀或中刀。两边的菱形刀分别嵌在可调整的边刀盒上，刀口向上，称为承重刀或边刀。这三把玛瑙刀口应互相平行并且位于同一个水平面上。刀口应锋利，不得有任何微小的缺口，否则将影响天平的灵敏度和稳定性，所以要特别注意保护天平的刀口，使其不受冲击并减小磨损。

② 平衡螺丝。在横梁两侧对称孔内分别装有两个平衡螺丝（平衡砣），用来调节天平空载时的平衡位置，即零点。

③ 重心砣（或重心球）。重心球由上、下两个半球形螺母组成，装于横梁背面的螺杆上。有的天平在指针或横梁中部适当位置上装有重心砣，也称感量调节螺丝，都是用来调节横梁的重心，以改变天平的灵敏度的。

④ 指针和微分标尺。在横梁下部装有一长而垂直的指针，指针下端装有微分标尺，标

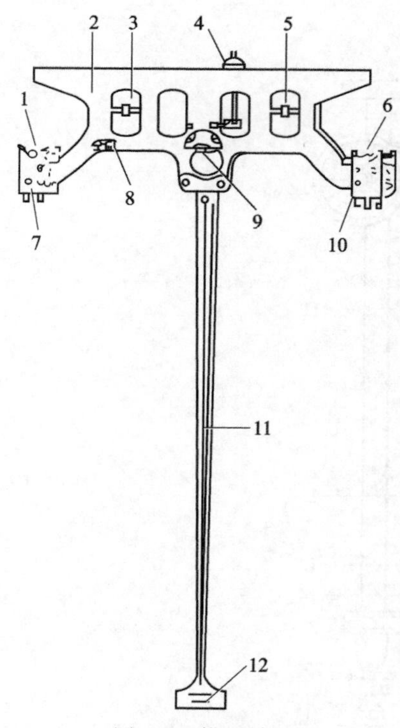

图 5-7 横梁结构

1,6—承重刀（边刀）；2—横梁；3,5—平衡螺丝；4—重心球；7,10—边刀盒；8—横梁小平板；9—支点刀（中刀）；11—指针；12—微分标尺

尺上的刻度经光学系统放大后，可在投影屏上读数。

(4) 悬挂系统 悬挂系统主要由吊耳、阻尼器和秤盘组成。

(5) 制动系统 制动系统用于控制天平的关闭，制止横梁及秤盘的摆动，保护刀口使其保持锋利，避免因受冲击而使刀口产生崩缺。制动系统包括开关旋钮、开关轴（底板下）、升降杆（立柱内）、盘托翼（底板下）等部件。旋转开关时，与旋钮相连的开关轴使升降杆上升，带动梁托架和盘托同时下降，此时中刀落在立柱的刀承上，左右耳背落在两只边刀上，秤盘可自由摆动，使天平进入工作状态；反之，关闭开关旋钮时，天平处于休止状态。

(6) 光学读数装置 电光天平的光学读数装置是对微分标尺进行光学放大的机构，读数时主要用到的零件有微分标尺和投影屏。

投影屏是活动的，扳动天平底座下面的零点微调杆，可使投影屏左右移动以便在小范围内调节天平的零点。

(7) 机械加码装置 半自动双盘电光分析天平 1g 以上的砝码用镊子夹取，10～500mg 的砝码是由环状砝码组成的，挂在天平右上方的钩上，均由机械加码装置进行加减（图 5-8）。

砝码是质量单位的具体体现，它有确定的质量，具有一定的形状，用于测定其他物体的质量和检定各种天平。在国际单位制中，质量的单位是“千克”，其质量值等于国际千克原器的质量，它是由 90%铂和 10%铱的合金制成的。我国引进了两个千克铂铱合金砝码，作为我国质量单位的基准器，并建立了一系列质量传递系统。

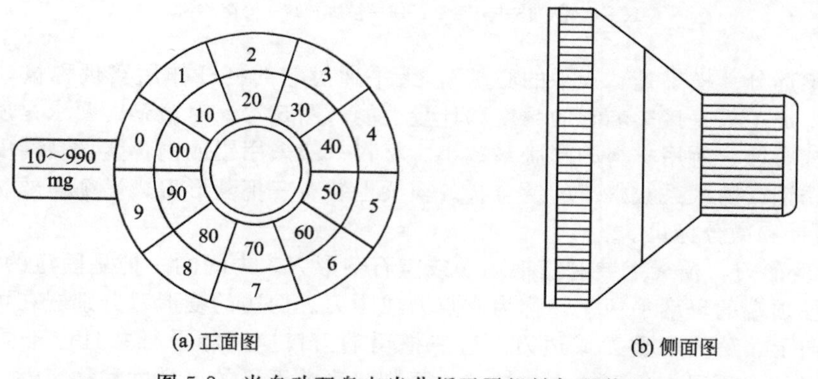

图 5-8 半自动双盘电光分析天平机械加码装置

每台天平都附有一盒配套的砝码。砝码盒内均备有一个砝码镊子，镊子的尖头用牛角制成，用于夹取砝码。1g 以上的砝码用铜合金或不锈钢制成，表面镀铬并抛光。1g 以下的砝码用铝合金制成片状，向上折起 90°角，便于用镊子夹取，俗称片码。

砝码是进行称量的质量标准，必须保持其质量的准确性。使用时应注意以下几点。

① 经常保持砝码的清洁，使用前以专用的毛刷拂去可能黏附在砝码表面上的灰尘。砝码只能在使用时由盒中取出，放在秤盘上；不用时，应整齐地放在砝码盒中相应的孔

穴里，不得放在其他地方。砝码盒应随时盖好，以防尘埃落入。砝码若有油污，可用绸布蘸取无水酒精擦洗。

② 应用右手持塑料镊子或带牛角尖的金属镊子取放砝码。取用克组普通砝码时，镊子尖端向上夹取颈部；取用片码时，镊子尖端向下夹其向上的卷角；绝对禁止用手直接拿取砝码。镊子不用时，应放回砝码盒内的槽里，并使其尖端向上，不能放在其他地方，更不能挪作他用。

③ 砝码应与天平配套使用，不应任意调换。若砝码系采用相对法检定，则一盒砝码中各个砝码的实际质量彼此保持一定的比例关系，不能与其他砝码盒里的同值砝码交换使用。即使同一盒里的同值砝码，其真实质量也常有差异，应区别使用，一般先使用其中一个无标记的砝码。在选取砝码时，应遵循“砝码个数最少”的原则。

④ 加减砝码的原则是“由大到小，折半加入”。在秤盘上放置砝码时应适当集中，将大砝码放在秤盘中央稍靠后的位置，小砝码放在大砝码的前面，毫克组砝码按大小顺序依次排列在小砝码的前面，任何砝码都不能重叠、倒置或反置。

⑤ 转动机械加码装置中的指数盘时，切不可用力过猛、动作过快，要缓慢地逐挡转动，以防止环码跳落、互碰或变形。同时，应使所取数字正对箭头标线，不能放在两个数字之间。

⑥ 砝码盒通常放在天平右侧的台面上，不能把砝码盒拿在手中夹取砝码。砝码若有碰伤、砝码头松动、发生氧化、出现污痕等情况，应立即进行检定，检定合格的砝码方可使用。

⑦ 为了确保砝码质量准确，应按作用的频繁程度对砝码进行定期检定，检定周期一般为一年，以确定是否超差。检定合格的砝码一般不用修正值。

2. 全自动双盘电光分析天平的结构

全自动双盘电光分析天平和半自动双盘电光分析天平在结构上基本相同。不同之处是全自动双盘电光分析天平增加了两个指数盘，全部砝码都由上、中、下三个指数盘进行机械加减，这三个指数盘是按天平最大称量的要求，将克组、毫克组砝码全部吊挂装置在天平框的左侧，上指数盘称量范围为 10～990mg，中指数盘称量范围为 1～9g，下指数盘称量范围为 1～190g，见图 5-9。这种装置操作方便，并能减少多次取放砝码造成的砝码磨损，也能减少多次开关天平门造成的气流影响。半自动双盘电光分析天平具有左右两个侧门，而全自动双盘电光分析天平只有一个侧门——右侧门。

全自动双盘电光分析天平的加码架结构及挂码的配置方式见图 5-10。

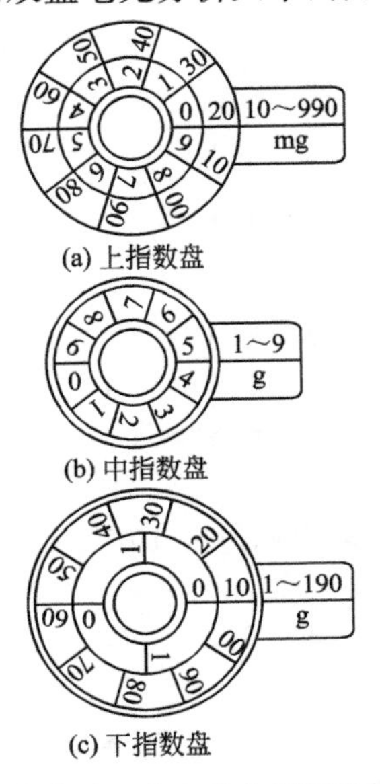

图 5-9 全自动双盘电光分析天平的指数盘

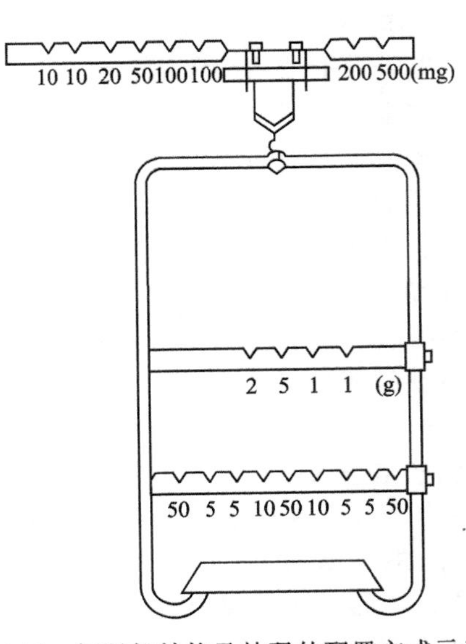

图 5-10 加码架结构及挂码的配置方式示意图

六、电子天平

通过电磁力矩（或电磁力）的调节使物体在重力场中实现力矩（或力）平衡的天平称为电子天平。装置如图 5-11 所示。

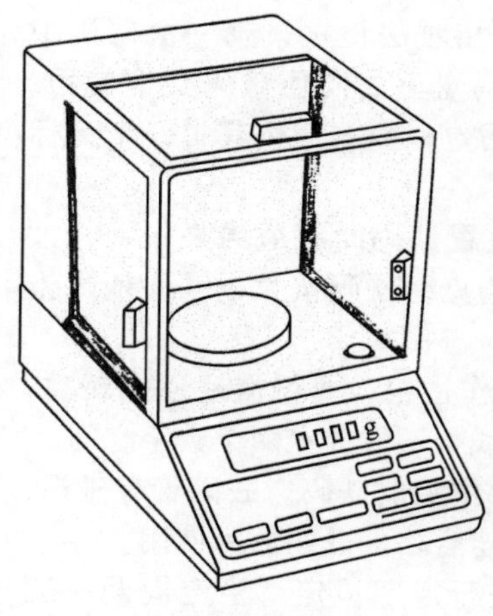

图 5-11 电子天平

（一）电子天平主要特点

1. 称量速度快，精度高

现在的电子天平多采用了微机 8501 及 LED（液晶）显示，几秒钟即可显示称量数据，且耗电少，比机械天平快十几倍，可大大提高工作效率。

2. 操作简便，简单易学

将称量物放置在秤盘上即可得到称量数据，免去了机械天平加减砝码的复杂操作手续，操作简便，初学者易于掌握。

3. 使用寿命长，性能稳定

电子天平支承点采用弹性簧片，没有机械天平的宝石或玛瑙易损件，无升降装置，用数字显示方式代替指针刻度式显示，因此具有使用寿命长、性能稳定等特点。

4. 功能多，使用方便

电子天平具有自动校正、超载指示、故障报警、自动去皮等功能。

5. 具有多级防震程序，称量数据准确可靠

机械天平一般没有防震设施，而现在生产的电子天平都有防震程序可供用户选择，使得在不太稳定的环境中仍能得到准确的数据。

6. 具有质量电信号输出，应用广泛

具有质量电信号输出功能，可与计算机、打印机连接。

7. 体积小，质量轻

电子天平的体积小，质量轻（一般为机械天平的 1/3～1/2），运输和携带方便，适于室内工作，更适于流动工作。

（二）电子天平的种类

分析电子天平按用途和精度来分，有以下几种。

1. 超微量电子天平

超微量电子天平的最大称量为 2～5g，分度值小于最大称量的 10^{-6}。

2. 微量电子天平

微量电子天平的最大称量为 3～50g，其分度值小于最大称量的 10^{-5}。

3. 半微量电子天平

半微量电子天平的最大称量为 20～100g，其分度值小于最大称量的 10^{-5}。

4. 常量电子天平

常量电子天平的最大称量为 100～200g，其分度值小于最大称量的 10^{-5}。

5. 精密电子天平

精密电子天平为准确度级别为Ⅱ级的电子天平。

（三）电子天平的工作原理

电子天平的工作原理为电磁力平衡原理。即在秤盘上放上称量物进行称量时，称量物便产生一个重力，方向向下。线圈内有电流通过，产生一个向上的电磁力，与秤盘中称量物的重力大小相等、方向相反，维持力的平衡。

现以 FA（或 JA）系列电子天平为例作简要说明。

当称量物放在秤盘上进行称量时，由于称量物的重力作用，使秤盘的位置发生了相应的变化。这时位移检测器将此变化量通过前置放大器和 PID 调节器控制流入线圈中的电流大小，即改变电磁力的大小使天平重新平衡，偏差消除；同时，经模数（A/D）转换器变成数字信号给计算机进行数据处理，最后将处理好的数值显示在显示屏幕上，其原理如图 5-12 所示。

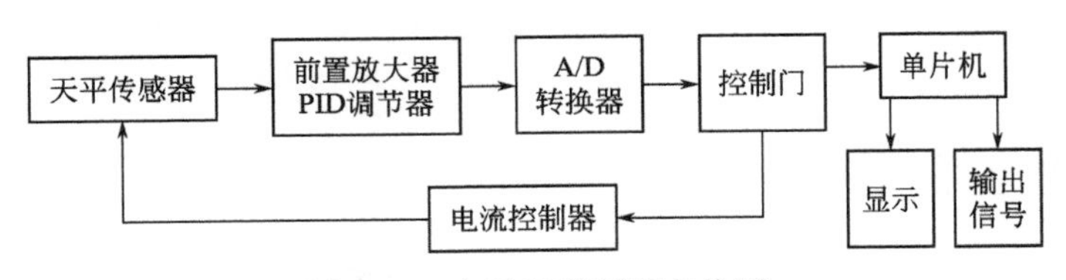

图 5-12　电子天平原理方块图

(四) 电子天平的结构

各种类型的电子天平，其基本结构是相同的，主要有外框部分、称量部分、键盘部分、电路部分等。下面以 FA 系列电子天平为例简述电子天平的结构。

1. 外框部分

外框部分包括外框和底脚。

(1) 外框　外框一般为合金框架，上部镶有玻璃，以保护天平，使之不受灰尘、潮气、热辐射和外界气流的影响。顶部和左右两侧均为玻璃门。顶门和左右两侧门可前后移动，供称量和从事滴定工作使用。外框也是天平电子元件的基座。

(2) 底脚　底脚位于电子天平的底部，是电子天平的支承部件，同时也是电子天平的水平调节器，一般用后面的两个水平调节脚来调节天平的水平。

2. 称量部分

称量部分包括传感器、秤盘、盘托、水平仪等。

(1) 传感器　传感器由外壳、磁钢、极靴和线圈等组成，装于秤盘的下方。其作用是检测被测物加载瞬间线圈及连杆所产生的位移。要保护传感器，使称量室清洁。称样时勿使样品撒落。

(2) 秤盘　秤盘位于框罩内中部。是进行称量的承受装置。秤盘多为金属材料制成，以圆形和方形居多，使用中应注意清洁卫生，不许随便调换秤盘。

(3) 盘托　盘托是秤盘的支承部件，位于秤盘的下面。

(4) 水平仪　水平仪位于天平框罩内的前方、秤盘的左方（或右方），用来指示天平是否水平。

3. 键盘部分

FA 及 JA 系列电子天平采用轻触按键，实行多键盘控制，操作灵活方便。各功能的转换与选择只需按相应的键就能完成如图 5-13 所示。各功能键的名称及功能如下。

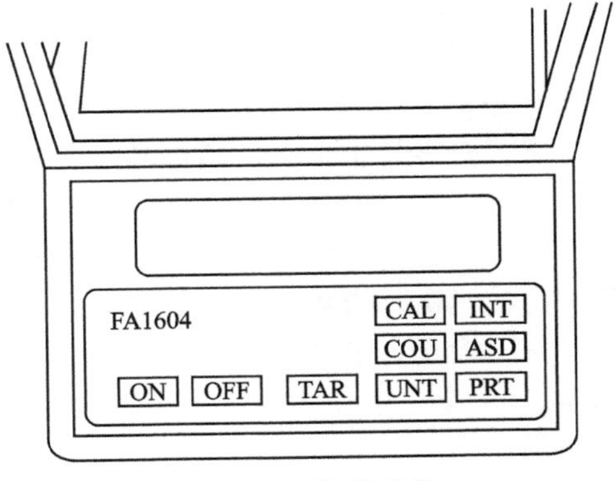

图 5-13　键盘部分

① ON——电子天平开机键。

② OFF——电子天平关机键。

③ TAR——去皮键或清零键。

④ CAL——自动校准键。

⑤ RNG——称量范围转换键，适于双量程的电子天平使用。

⑥ COU——计数键。

⑦ UNT——量制转换键（克/克拉/盎司）。

⑧ INT——积分时间选择键。

⑨ PRT——打印模式选择键。

⑩ ASD——灵敏度选择键。

4. 电路部分

电路部分包括位移检测器、PID 调节器、前置放大器模数（A/D）转换器、微机、显示器。

七、称量方法及操作

在定量分析中，试样的称取一般有直接称样法、减量称样法及指定质量称样法。

（一）称量方法

1. 直接称样法

直接称样法适合于称量分析器皿及在空气中没有吸湿性的样品和试剂。如称量小烧杯、坩埚、表面皿、金属、合金等。这种方法常使用洁净而干燥的表面皿作为称量容器。

2. 减量称样法

减量称样法也叫递减法或差减法，是分析工作中最常用的一种称样方法，尤其是进行平行测定，需要称取几份样品时更为方便。减量法称出样品的质量不要求固定的数值，只需在要求的范围内即可，适于称取性质稳定及易吸水、易氧化或是与二氧化碳反应的粉末状物品，而不适于称取块状物品。

减量法称取试样的量是以两次称量之差计算的，与天平的零点读数无关，所以减量法称取样品时，可以不调节天平的零点。称样时，常将样品装于带磨口盖的高型称量瓶中进行，这样既可防潮、防尘，又便于操作。

3. 指定质量称样法

在分析工作中，有时需要准确称取某一指定质量的试样。此法只适用于称取不易吸湿且不与空气中各组分发生作用、性质稳定的粉末状物质。如直接法配制 1000mL 浓度为 $C\left(\frac{1}{6}K_2Cr_2O_7\right)=0.1000mol/L$ 的 $K_2Cr_2O_7$ 标准溶液，需称取 4.903g 基准物 $K_2Cr_2O_7$。称样时常使用 6cm 的表面皿或扁型称量瓶。

（二）双盘电光分析天平的称样操作

1. 使用前做好准备（三查一调）

将天平防尘罩取下，折叠整齐放在天平盒顶部，将记录本放在天平前台面上，操作者面对天平端坐。

查：天平是否水平。操作者站立，通过框罩上面玻璃，观察水准器的气泡是否处于圆圈的中心位置。若不处于中心位置，可旋转天平底板下方左右两个螺旋脚，达到水平。

查：检查各部件是否处于正常位置。主要检查横梁、吊耳、秤盘安放是否正确，环码是否相碰或脱落，指数盘是否处于零位，砝码是否齐全，镊子是否丢失。

查：检查天平盘、底板及其他部件是否清洁。秤盘上若有灰尘或药品，可用天平刷轻轻扫净。

调：零点调节。

以 TG—328B 型天平为例。天平不载重时，自由摆动静止后光幕上的读数称为天平的

“零点”或“空载平衡点”。天平载重时，自由摆动静止后投影屏上的读数称为天平的“平衡点”电光天平的零点要求微分标尺上的零线与投影屏上的标线重合或在±0.2mg范围内。

（1）零点的测定

① 接通电源。

② 关闭天平门。

③ 启开天平。左手手心向上，握住旋钮，顺时针方向轻轻旋转旋钮，天平启开，此时天平处于工作状态。

④ 天平静止后，观察微分标尺的零线与投影屏上标线之间的位置。

⑤ 休止天平。左手手心向右，握住旋钮，逆时针方向轻轻转动旋钮，天平关闭，此时天平处于休止状态。

（2）零点的调整

① 当微分标尺的零线与投影屏上标线相差较大时（5个分度以上），可在休止天平的情况下拧动横梁上的平衡调节螺丝（一般情况下，半自动天平拧动左边的一个，全自动天平拧动右边的一个）。

② 启开天平。

③ 天平摆动静止后，观察微分标尺的零线与投影屏上标线之间的位置，可反复拧动平衡调节螺丝进行调节，直到两线相差较小（小于2个分度）或重合。

④ 转动底座下面开关旋钮附近的拨杆，使微分标尺的零线对准投影屏上的标线（图5-14）。

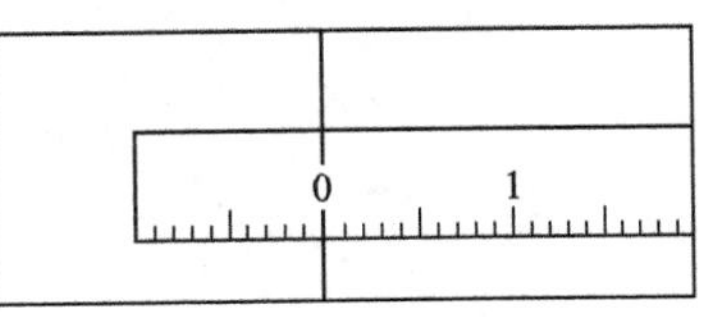

图5-14　电光分析天平零点

⑤ 休止天平。

⑥ 重复测定零点2～3次。

⑦ 注意事项如下：

a. 拧动平衡调节螺丝时，必须首先休止天平，并戴手套；

b. 启开天平时，应先关闭天平门，防止气流影响；

c. 拧动开关旋钮时，应先关闭天平门，防止气流影响。

天平零点调节好以后还会经常发生变动，小小的灰尘或称量物洒落在天平盘上都会引起天平零点的变化，所以每次使用之前都必须测定零点。

2. 灵敏度的测定及调整

天平的灵敏度是指在天平的一个盘上增加1mg质量时所引起指针偏移的程度。通常以格/mg表示。指针偏移的程度越大，灵敏度越高，电光分析天平可准确读到0.1mg，其灵敏度应为10格/mg。灵敏度不能太低，太低时称量误差大；也不宜太高，太高时指针摆动不易静止而降低天平的稳定性，也会使误差增大。

（1）灵敏度的测定

① 测定并调整零点（按测定零点、调整零点的步骤进行）。

② 在天平的左盘上放一个校准过的10mg的砝码或环码，关闭天平门。

③ 开启天平，观察天平的平衡点，记下平衡点读数。

④ 根据灵敏度计算公式求出天平的灵敏度。公式为：

灵敏度（格/mg）＝［平衡点（mg）－零点（mg）］×（10格/mg）/所加砝码质量（mg）

重复前三步操作取其平均值。

当天平盘上加一个10mg砝码时，使用中的天平微分标尺应移至98～102小格范围内，即灵敏度变为（10±0.2）格/mg，新出厂或维修后的天平微分标尺应移至99～101小格，即灵敏度为（10±0.1）格/mg。

（2）分度值的计算　天平的分度值（S）是指天平指针位移一个分度所需要的质量值（mg），单位为 mg/分度。公式为：

$$S=1/\text{灵敏度}$$

分度值太小，灵敏度太高，则天平不稳定；分度值太大，灵敏度太低，则称量误差大。

（3）灵敏度的调整　测定灵敏度之后，若不合乎要求，则应调整。当灵敏度太低时，可将横梁上的重心砣向上旋转，以提高天平的灵敏度；当灵敏度过高时，可将重心砣向下旋转，以降低天平的灵敏度。旋动重心砣以后，必须重新调整零点，复测其灵敏度。

调整灵敏度的步骤如下。

① 在天平休止时，旋动重心砣（灵敏度太低时重心砣向上旋；灵敏度太高时，重心砣向下旋）。

② 复测和调整零点（按测定零点、调整零点的步骤进行）。

③ 测定灵敏度（按测定灵敏度的步骤进行）。

反复进行以上操作，直到零点、灵敏度都达到要求为止。

3. 直接称量法

如图 5-15 所示，以 TG—328A 型全自动双盘电光分析天平称量一表面皿为例说明其称量方法。

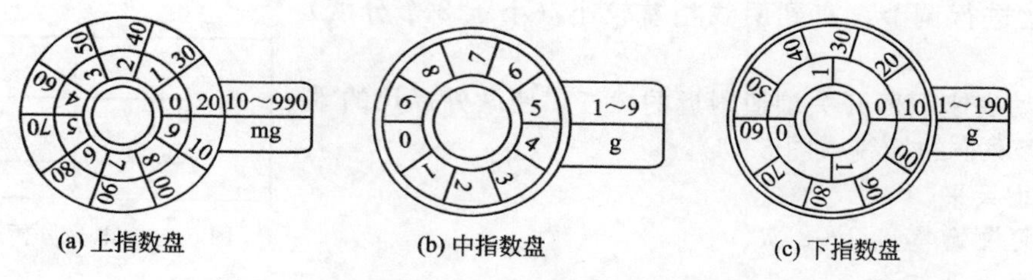

(a) 上指数盘　(b) 中指数盘　(c) 下指数盘

图 5-15　TG—328A 型全自动双盘电光分析天平

使用前做好准备（三查一调）。

① 用托盘天平粗称被称物品质量（如为 18.6g）。

② 用分析天平精称被称物品质量。

a. 在天平休止时，打开右侧门，将表面皿放于天平的右盘中心，关闭侧门。

b. 在天平休止时，加 18g 砝码（转动下指数盘加 10g、转动中指数盘加 8g 砝码）。左手慢慢半启开旋钮，标尺向正方向移动，这表明砝码轻了；关闭旋钮，将中指数盘转到 9g（即加 1g 砝码），标尺向负方向移动，这表明砝码重了。由此可判定，此表面皿质量在 18～19g 之间，中指数盘应转回 8g。

c. 先加 500mg，标尺向正方向移动，表明所加环码轻了；转到 700mg，标尺向负方向移动，表明所加环码重了；转到 600mg，标尺向正方向移动，表示环码轻了，由此可判定，此表面皿的质量在 18.6～18.7g 之间。

d. 转动上指数盘的内圈指数盘，先加 50mg 环码，标尺向负方向移动，表示环码重了；换上 30mg 环码，环码轻了；换上 40mg，这时标尺移动逐渐缓慢，表示天平接近平衡，说明表面皿的质量在 18.64～18.65g 之间。

e. 会开启旋钮，待微分标尺稳定后，读取投影屏上的数字，见图 5-16。

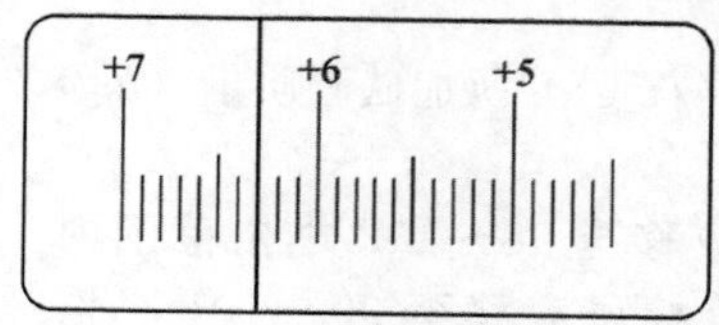

图 5-16　投影屏读数

f. 读取称量数据，并将称量数字记录在记录本上：先读下指数盘，再读中指数盘和上指数盘，最后读取投影屏。

③ 计算被称物品的质量。公式为：

被称物品的质量＝砝码总质量－零点读数＝(下指数盘读数＋中指数盘读数＋上指数盘读数＋标尺读数)－零点读数

以上表面皿的质量为：

$$(10+8)g+0.6000g+0.0400g+0.0088g-0.0000g=18.6488g$$

④ 称量结束后，休止天平，将所有指数盘转回零位，取出被称物品，关好天平门，罩好天平罩，切断电源。

⑤ 称量时应注意的问题有如下几点。

a. 在天平盘上取放物品时，要先休止天平。

b. 加减砝码、加减环码时要先休止天平。选取砝码应遵循“由大到小，中间截取，逐级试验”的原则。和“指针总是偏向轻盘，微分标尺投影总是向重盘方向移动”的判断方法。

c. 试称时要半启开天平。

d. 确定平衡点读数时，要全启开天平。

e. 称量完成时，要休止天平，以保护天平，维护其正常使用。

4. 减量称样法

减量法称取试样的量是以两次称量之差计算的，与天平的零点读数无关，所以减量法称取样品时，可以不调节天平的零点。称样时，常将样品装于带磨口盖的高型称量瓶中进行，这样既可防潮、防尘，又便于操作。

减量法的操作如下（以称取三份每份质量为 0.3g 细石英砂为例）。

① 将盛放样品的容器（锥形瓶或小烧杯）编号排在天平的附近。

② 将烘干并冷却至室温的石英砂样品约 1g 放于称量瓶中。

③ 用清洁柔软的纸条叠成三层纸带（纸带的宽度为 1～2cm）套在称量瓶上，左手小心拿纸条，见图 5-17。粗称装有试样的称量瓶质量（称准至 0.1g）。

④ 用纸带将称量瓶移至分析天平上，精称其质量 m，（称准至 0.0001g）。

⑤ 倾倒试样：左手用纸带将称量瓶从分析天平盘上取下，拿到盛样品的容器上方，右手用纸带夹取称量瓶盖柄，打开称量瓶瓶盖，瓶盖不能离开容器上方，将瓶身慢慢向下倾斜，瓶内的试样逐渐移向瓶口，用瓶盖边缘轻轻敲击瓶口内缘，并继续将瓶倾斜使试样慢慢落入容器中，见图 5-18。估计倾入容器试样为全量的 1/3 时，一边将瓶竖起，一边用瓶盖轻轻敲瓶口，使沾在瓶口的试样落入容器或落回称量瓶中，盖好瓶盖。

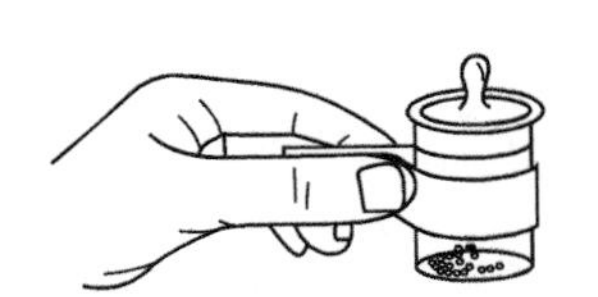

图 5-17　拿取称量瓶的方法

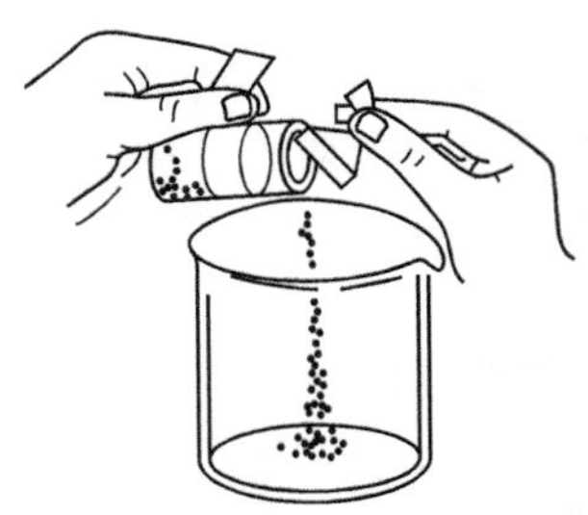

图 5-18　倾倒试样的方法

⑥ 精称倒出试样后称量瓶的质量 m_2。m_1-m_2即为第一份试样的质量。若 m_1-m_2的质量少于 0.3g，可以再倾倒出少量试样。倾倒试样时，一般很难一次倾准，需要几次仔细、耐心的同样操作，才能称取一份合乎要求的试样。

重复⑤、⑥步操作，称取第二份、第三份试样。

⑦ 将称量数据及时记录在记录本上。可按表 5-2 中所示的方法记录，并计算各份样品

的质量。

表 5-2 称量数据记录

称量瓶与样品质量 m_1 9.5895g	称量瓶与样品质量 m_2 9.2640g	称量瓶与样品质量 m_3 8.9562g
第一次倒出后称量瓶与样品质量 m_2 9.2640g	第二次倒出后称量瓶与样品质量 m_3 8.9562g	第三次倒出后称量瓶与样品质量 m_4 8.6411g
第一份样品质量 0.3255g	第二份样品质量 0.3078g	第三份样品质量 0.3151g

⑧ 减量法操作应注意的问题如下。

a. 用称量瓶盛装试样不宜太多，否则操作不便。

b. 倾倒试样，一次倒不准时，每份可倒 2～3 次。若倒出太多时，应弃去重做，不能倒回称量瓶。

c. 沾在称量瓶瓶口的试样应处理干净，以免造成试样丢失。

d. 使用纸带时，不要碰着称量瓶瓶口，以免丢失试样。

e. 打开或盖上瓶盖时，应在盛放试样的容器上方进行，以防试样丢失。

f. 所称每份试样要无损地倒入每个容器中，不许倒在纸片上。

g. 若发现试样丢失，应重新称量。

5. 指定质量称样法

指定质量称样法操作如下（以称取 4.903g 重铬酸钾为例)。

① 测定并调整天平的零点。

② 称量表面皿的质量。

③ 加（4＋0.90）g 砝码。

④ 用药匙往表面皿上加入试样，直到相差 10mg 以下。

⑤ 启开天平。

⑥ 抖入试样。小心地以左手持盛有试样的药匙，伸向表面皿中心部分 2～3cm 高处，用左手拇指、中指及掌心拿稳药匙，以食指轻弹或摩擦药匙柄，使药匙里的试样以非常缓慢的速度抖入表面皿中，此时眼睛既要注意药匙，同时也要注视投影屏上的微分标尺，待微分标尺正好移动到所需要的刻度时，立即停止抖入试样，此时右手不要离开旋钮。若不慎多加了试样只能关闭天平，用药匙取出多余的试样，再重复上述操作，直到投影上出现 3.0mg 为止。

⑦ 用镊子或戴细纱手套取下表面皿。

⑧ 无损地将表面皿内的试样转入容器。

⑨ 注意：a. 往表面皿中加入试样或取出药匙时，试样绝不能撒落在秤盘上；b. 启开天平加试样时，要特别仔细，切勿抖入过多的试样。

6. 天平的使用规则

① 做同一个分析工作要使用同一台天平和同一套砝码。

② 称样量不应超过天平的最大称量，称前应先粗称。

③ 称量物品的温度应与天平的温度一致。

④ 挥发性、腐蚀性物品必须放在密封加盖的容器中称量。

⑤ 开关天平要缓慢而仔细，注意保护刀口。

⑥ 称量数据应及时写在记录本上，不得记在纸片上或其他地方。

⑦ 称量完毕应及时取出所称样品，砝码放回盒内，指数盘转回零位，关好天平门，罩上天平罩。

（三）电子分析天平的称样操作

以上海天平仪器总厂 FA 系列或 JA 系列上皿电子天平为例。

1. 电子天平使用前的检查与调整

① 检查天平室电源电压，将天平的电压转换开关置于相应位置，工作电压为（220±22）V（50Hz）或（110±11）V（60Hz）。

② 检查电源是否有接地线。

③ 检查附近是否有震源及电磁干扰。

④ 检查天平室温度。工作环境温度：Ⅰ类天平 1 5～25℃，温度波动不大于 1℃/h；Ⅱ类天平 10～30℃，温度波动不大于 5℃/h。

⑤ 检查工作室湿度。应满足相对湿度小于 85%。

⑥ 检查天平是否处于水平状态。可观察天平框罩内前方的水平仪，看水泡是否处于中心的位置。若不水平，可拧动天平机壳底后面的两个水平调节脚。

⑦ 接通电源，天平即预热（显示器未工作）预热 1h 后方可启开显示器进行操作使用。

⑧ 检查天平秤盘是否清洁，秤盘应清洁无物。

2. 电子天平的校准

在完成了上面的“使用前的检查与调整" 之后进行下列操作。

① 轻按“ON”开机键，显示器全亮，显示器上出现如下所示的字样：

+88888%
—　　　g

约 2s 后显示天平的型号，如：

—1604

然后显示称量模式：

0.0000g	000g

或

② 轻按“OFF”关机键，显示器熄灭。

③ 轻按“TAR" 清零键。天平清零，显示“0.0000g”。

④ 轻按“CAL”自动校准键，当显示器出现“CAL”时即松手。

⑤ 天平显示“CAL—100”且“100”不断闪动，表示校准砝码需要 100g 标准砝码。

⑥ 将 100g 标准砝码放在天平秤盘上，显示器出现“……”等待状态。

⑦ 稍候，显示器出现“100.000g”。

⑧ 移去校准砝码，显示器应出现“0.000g”。

⑨ 若出现不是零，则再轻按“TAR”清零键。

⑩ 重复操作①～⑦步两次。

轻按“OFF”关机键，显示器熄灭。

请注意：按键操作要轻按。

3. 电子天平的称量操作

① 接通电源并预热。

② 轻按“ON”开机键，使天平处于零位。若不在零位，可轻按“TAR”清零键。

③ 将称量用器皿放在秤盘上，读取数值并记录。此数值为器皿质量。

④ 轻按去皮键“TAR”使天平重新显示为零。

⑤ 在器皿内加入欲称量的试样，至显示所需质量。读数并记录，此数值为样品的质量。

如有打印机，可轻按“PRT”打印模式选择键进行打印。

⑥ 将器皿连同试样从秤盘上拿下。

⑦ 轻按“TAR”清零键，以备再用。

⑧ 轻按“OFF”关机键，显示器熄灭。

⑨ 称量工作完成后，拔下电源插销，罩上天平罩。

4. 电子天平的使用规则

电子天平与传统的杠杆天平相比，称量原理差别较大，使用者必须掌握它的称量特点，正确使用，才能获得准确的称量结果。

① 电子天平在安装之后、称量之前必不可少的一个步骤是校准。这是因为电子天平是将被测物的质量产生的重力通过传感器转换成电信号来表示被称物的质量的。称量结果实际上是被称物重力的大小，故与重力加速度 g 有关，称量值随纬度的增高而增加。例如，在北京用电子天平称量 100g 的物体，到了广州，如果不对电子天平进行校准，称量值将减少 137.86mg。另外，称量值还随海拔的升高而减少。因此，电子天平在安装后或移动位置后必须进行校准。

② 电子天平开机后需要预热较长一段时间（至少 0.5h 以上），才能进行正式称量。

③ 电子天平的积分时间也称为测量时间或周期时间，有几挡可供选择，出厂时选择了一般状态，如无特殊要求不必调整。

④ 电子天平的稳定性监测器是用来确定天平摆动消失及机械系统静止程度的器件。当稳定性监测器表示达到要求的稳定性时，可以读取称量值。

⑤ 在较长时间内不使用的电子天平应每隔一段时间通电一次，以保持电子器件干燥，特别是湿度大时更应经常通电。

八、分析天平的日常维护与保养

（一）电光分析天平

1. 电光分析天平的一般维护与保养

维护保养天平应防尘、防震、防潮、防气流、防腐蚀、防温度波动及防热辐射等。为此，天平室应满足如下条件。

① 天平室附近应无大量尘埃。天平室门窗应严密、双层布帘，以防灰尘侵入。

② 天平室应远离震源，如煅压或冲压车间、铁路、公路及大型动力设备等，并尽量设在坐南朝北的底层房间。

③ 天平室温度力求稳定，最好有恒温设施，室温保持在 20℃左右。阳光不得直射天平及天平附近，天平应远离暖气管道、电炉等热源。室内应设置室温计和湿度计。

④ 天平室不得装置排风设备，不能有水源，也不能将盛有水的容器带入天平室，室内相对湿度最好保持 85%以下。

⑤ 天平室应无明显的气流存在，并防止腐蚀性气体的侵入。

⑥ 与称量无关的物品不得带入天平室。

⑦ 天平室应光线明亮、均匀、柔和，宜采用荧光灯照明。

2. 分析天平的管理与使用要求

① 天平应由专人管理。每台天平都应建立技术档案袋，用来存放出厂证书、使用说明书、检定证书，定期维护保养并记载检修情况、使用记录。

② 为使天平保持干燥，天平箱内要放置干燥剂。通常使用变色硅胶并定期更换，不得使用粉状或液体干燥剂（如无水氯化钙、浓硫酸等）。

③ 不准在天平室敲打、洗涤、就餐、吸烟、睡觉、玩耍。

④ 所称物品的质量不得超过天平的最大称量，其体积、长度也不能太大。分析天平只有在要求称准至 0.1mg 时才使用。粗略称量一般使用托盘天平。

⑤ 称量试样一般不能直接放在天平盘上称量，应盛放在清洁、干燥的适当器皿里，经干过的试样和易吸湿、易吸收空气中的二氧化碳以及易被氧化的试样都必须使用称量瓶，性质比较稳定的试样可使用表面皿。

⑥ 前门供调修使用，通常不要打开，侧门供加减物品、加减砝码时使用；全开天平确定平衡点读数时必须关闭所有天平门，半开天平试称时可暂不关闭右侧门。

⑦ 加减物品、加减砝码、加减环码时都必须休止天平，称量完毕时也要休止天平，以减少玛瑙刀口的磨损。

⑧ 拧动开关旋钮、操作指数盘时，要缓慢而仔细，以保护天平。

⑨ 经常保持天平的清洁，定期清除各部件灰尘。玛瑙刀口和刀承用绸布擦拭，其他部件用软毛刷、鹿皮或绸布拂拭。

⑩ 天平使用一段时间后，应定期检查和由专业人员调试。

（二）电子分析天平

随着人们对产品质量意识的日益加强，化学分析仪器的自动化程度不断提高，化验室中分析天平的使用也越来越广泛了。电子分析天平虽操作简单，但日常维护也是必不可少的。日常要注意以下几点。

① 将天平置于稳定的工作台上，避免振动、气流及阳光照射，防止腐蚀性气体的侵蚀。高精度的电子天平要满足说明书要求的温度和湿度波动的条件，才能达到规定的称量准确度要求。

② 称量易挥发和具有腐蚀性的物品时，要盛放在密闭的容器中，以免腐蚀和损坏电子天平。

③ 秤盘和外壳可以用软布轻轻擦净，切不可用强溶剂擦洗。

④ 防止超载，注意被称物体的质量应在天平的最大载量以内，分析天平大多都有保护装置，但超载可能会损坏天平。

⑤ 较长时间不使用的天平，应每隔一定时间通一次电，以保证电子元器件的干燥。电子天平搬动和运输时应将秤盘和托盘取下。

⑥ 经常对电子分析天平进行自校或定期外校，保证其处于最佳状态。

⑦ 电子天平操作完毕，应取下秤盘上的被称物才能关闭电源，否则将损坏天平。

⑧ 电子天平的维护保养：要小心使用，轻按各功能键并保持天平干燥（使用并经常烘干干燥剂）和清洁（秤盘与外壳需经常用软布和牙膏轻轻地擦洗）。

任务一 全自动双盘电光天平灵敏度的测定

【任务描述】

灵敏度是天平计量性能之一， 通过灵敏度的测定数据可了解天平的精确度。 若不符合要求， 则应予以调整。 灵敏度太高或太低对天平的其他性能有较大的影响， 也不利于操作使用。 现请你对全自动双盘电光天平的灵敏度进行测定。

【引导性问题】

1. 进行全自动双盘电光天平灵敏度的测定需要什么仪器、 试剂?

2. 全自动双盘电光天平零点的调整需要先检查什么？ 如何调整？

3. 灵敏度的测定选择多大的砝码？

4. 灵敏度测定的步骤有哪些？

5. 灵敏度计算公式是什么？ 本台全自动双盘电光天平的灵敏度是多少？

任务二 用电光分析天平称量三块铜片的质量

【任务描述】

某化验中心接到测定“精铜的含量” 的检验任务， 你作为化验中心的检验人员收到这个任务单和用于测定的三块铜片， 你想利用滴定分析方法进行检测。 分析的第一步骤就是要先称量这三块铜片的质量， 实验室中天平型号为 TG—328A 型全自动双盘电光分析天平。

【引导性问题】

1. 分析天平的称量方法有哪些？ 你想选择哪种方法进行称量？

2. 称量所需要的仪器、 试剂有哪些？

3. 称量的步骤有哪些？

4. 数据该怎样记录?

参考记录表如下。

称量次数	1	2	3	平均值
零点读数/g				
平衡点读数/g				
砝码质量/g				
称量物质量/g				

任务三 用指定质量称样法称取一定质量的氯化钠

【任务描述】

实验室需要配制 0.1mol/L 的氯化钠溶液 1L，请你用指定质量称样法称取所需的氯化钠溶质。该实验室中天平型号为 TG—328A 型全自动双盘电光分析天平（氯化钠的摩尔质量为：58.44mol/L）。

【引导性问题】

1. 配制 0.1mol/L 的氯化钠溶液 1L，需要多少克（g）的氯化钠?

2. 指定质量称样法完成称取任务需要哪些仪器、试剂?

3. 称量的步骤有哪些?

4. 称量的过程中该注意哪些方面的问题?

5. 称量的数据如何记录?

任务四 用减量法（差减法）称取一定质量的水泥样品

【任务描述】

某水泥生产企业的生产线要对成品进行全样分析，送样到检测中心，你作为检测中心的检测人员接受了这个任务，要对样品进行分析。分析的第一步骤就是要对样品进行称量。请你用减量法（差减法）称取0.45～0.50g的水泥样品三份。要求精确到万分之一。该实验室中天平有全自动双盘电光分析天平、半自动双盘电光分析天平和电子分析天平。

【引导性问题】

1. 你想选择哪种天平进行称量?

2. 差减法称取0.45～0.50g范围的样品需要准备哪些仪器、试剂?

3. 称量的步骤有哪些?

4. 称量的过程中该注意哪些方面的问题?

5. 称量的数据如何记录? 数据如何处理?

参考表格如下。

项目 \ 称量次数	1	2	3
称量瓶与样品质量/g			
倒出后称量瓶与样品质量/g			
样品质量/g			

6. 本次称量小结（成功点、难点）。

【考核评价表一】

电光分析天平（指定质量称样法）操作考核评价表

班级：　　　　姓名：　　　　学号：　　　　开始时间：　　　　结束时间：

	考核内容	考核指标		配分	考核标准及依据	考评记录			
						个人自评（　）	小组互评（　）	教师评价（　）	备注
电光分析天平（指定质量称样法）操作考核	过程考核	时间观念		5	是否准时上课、按时上交作业				
		语言表达能力		5	普通话是否标准、流畅				
		获取信息的能力		5	是否能自主查阅资料、收集信息				
		知识运用能力		5	是否能运用所学知识解答问题、解释现象				
		观察能力		4	演示实验时是否仔细观察并做好记录				
		判断性解决问题的能力		4	是否能判断性地解决学习上遇到的问题				
		分析问题的能力		4	学习过程中是否能对问题进行分析、判断				
		归纳总结的能力		4	学习过程中是否能对知识进行归纳总结				
	技能考核	准备工作	称量工具准备	4	称量工具准备是否齐全				
			检查水平、状态完好情况	4	是否检查水平泡、各个部件是否在正常位置				
			天平清洁	3	是否清洁天平称盘				
			粗称	4	使用托盘天平粗称是否正确				
		操作过程	检查和调零点	4	是否检查、调节零点				
			开启升降枢轻、慢、稳	5	开启升降枢操作是否轻、慢、稳				
			加减砝码操作正确	5	加减砝码是否正确				
			取样符合要求	4	取样是否符合要求				
			读数及记录正确	6	读数及记录是否正确				
			清洁天平内外	4	是否清洁天平内外				
			关天平门	4	是否关天平门				
			回零	4	指数盘是否回零				
		文明操作	实验台整理与清洁	4	实验结束后，是否收拾台面、试剂、仪器等				
			废物处理能力	4	废物是否按指定的方法处理				小计
			时间分配能力	5	是否在规定时间内完成全部工作				总计

【考核评价表二】

电子天平（差减称样法）操作考核评价表

班级： 姓名： 学号： 开始时间： 结束时间：

	考核内容	考核指标		配分	考核标准及依据	考评记录 个人自评（ ）	小组互评（ ）	教师评价（ ）	备注
电子天平（差减称样法）操作考核	过程考核	时间观念		5	是否准时上课、按时上交作业				
		语言表达能力		5	普通话是否标准、流畅				
		获取信息的能力		5	是否能自主查阅资料、收集信息				
		知识运用能力		5	是否能运用所学知识解答问题、解释现象				
		观察能力		4	演示实验时是否仔细观察并做好相关记录				
		判断性解决问题的能力		4	是否能判断性地解决学习上遇到的问题				
		分析问题的能力		4	学习过程中是否能对问题进行分析、判断				
		归纳总结的能力		4	学习过程中是否能对知识进行归纳总结				
	技能考核	准备工作	称量工具准备	4	称量工具准备是否齐全				
			检查水平、状态完好情况	5	是否检查水平、状态完好情况				
			天平清洁	4	是否清洁天平称盘				
		操作过程	检查和调零点	4	是否检查、调节零点				
			操作轻、慢、稳	6	操作是否轻、慢、稳				
			加减试样	5	加减试样是否正确				
			倾出试样符合要求	5	倾出试样量是否符合要求				
			读数及记录正确	6	读数及记录是否正确				
			清洁天平内外	4	是否清洁天平内外				
			关天平门	4	是否关天平门				
			回零	5	是否回零				
		文明操作	实验台整理与清洁	4	实验结束后，是否收拾台面、试剂、仪器等				
			废物处理能力	4	废物是否按指定的方法处理				小计
			时间分配能力	4	是否在规定时间内完成全部工作				总计

模块 6 检验用玻璃仪器及器皿的规范使用

职业能力

1. 能正确识别常见玻璃仪器。
2. 会根据实验需要选用玻璃仪器和其他用品。
3. 能正确选择洗涤液洗涤玻璃仪器并干燥。
4. 能规范使用各种常用玻璃仪器。
5. 能按规范操作校准计量玻璃仪器。
6. 能选择正确的校准方法对计量玻璃仪器进行校正。

通用能力

1. 能查阅资料并获取信息。
2. 思考和判断性解决问题的能力。
3. 自学的能力。
4. 交流与合作能力。

素质目标

1. 安全、规范操作的意识。
2. 科学、严谨的学习和工作态度。
3. 工作过程中的节约、安全、环保意识。
4. 团队合作精神。

相关知识

一、常见的玻璃器皿及其使用

分析室所用化学器皿按材质不同一般分为玻璃器皿、瓷器皿、塑料器皿、金属器皿等。

玻璃器皿是分析室最常见、最常用的分析仪器之一，是以玻璃为原料加工而成的。其特点是具有化学稳定性和热稳定性，具有良好的绝缘性能和较高的透明度，具有一定的机械强度等。

分析室常用器皿的名称及规格见表 6-1。

表 6-1 分析室常用器皿

名　称	规格表示方法	一般用途及性能	使用注意事项
烧杯	1. 玻璃品质：硬质或软质。 2. 容积（mL）	反应容器，可以容纳较大量的反应物	1. 硬质烧杯可以加热至高温，但软质烧杯要注意勿使温度变化过于剧烈 2. 加热时放在石棉网上，不应直接加热
烧瓶	1. 玻璃品质：圆底和平底。 2. 容积（mL）	反应容器，在需要长时间加热时用	加热时放在石棉网上，不能直接用火加热，应避免骤热骤冷
锥形瓶	1. 玻璃品质：硬质或软质。 2. 容积（mL）	反应容器，摇荡方便，口径较小，因而能减少反应物的蒸发损失	同烧杯
称量瓶	1. 玻璃品质。 2. 上口有磨口塞。 3. 分高形和扁形两种	1. 精确称量试样和基准物。 2. 质量小，可直接在天平上称量	称量瓶盖要密合
移液管	1. 玻璃品质。 2. 在一定温度时以刻度的容积（mL）表示	吸取一定量准确体积的液体时用	1. 不能加热或烘干。 2. 将吸取的液体放出时，管尖端剩余的液体不得吹出，如刻有“吹”字的要把剩余部分吹出
容量瓶	1. 玻璃品质。 2. 规格：一定温度下的容积（mL），如 20℃	配制标准溶液	1. 不能盛热溶液或加热或烘烤。 2. 磨口塞必须密合并且要避免打碎，遗失和互相搞混

续表

名称	规格表示方法	一般用途及性能	使用注意事项
碱式 酸式滴定管	1. 玻璃品质。 2. 所容的最大容积(mL)表示。 3. 分酸式(玻璃活塞)或碱式(橡胶管);酸式有无色和棕色两种	1. 滴定时用。 2. 用以取得准确体积的液体时用	1. 小心酸式滴定管的玻璃活塞,避免打碎、遗失或相互搞混。 2. 用滴定管时要洗洁净,液体下流时,管壁不得有水珠悬挂,滴定管的活塞下部也要充满液体,全管不得留有气泡
表面皿	1. 玻璃品质。 2. 口径(cm)表示(如直径 9cm)	1. 用作烧杯等容器的盖子。 2. 用来进行点滴反应。 3. 观察小晶体及结晶过程	1. 不能加热。 2. 用作烧杯盖子时,表面皿的直径应比烧杯直径略大些
漏斗	1. 玻璃品质。 2. 以口径(cm)表示。 3. 分长颈与短颈两种	1. 过滤用。 2. 引导液体或粉末状固体入小口容器中时用	1. 不能用火直接加热。 2. 用时放在漏斗架上,漏斗颈尖端必须紧靠盛接液的容器壁
分液漏斗	1. 玻璃品质。 2. 容积(mL)。 3. 分长颈与短颈两种。 4. 形状有球形、梨形、管形等	1. 连续加料。 2. 分离两互不相溶的液体。 3. 萃取实验	1. 不能盛热溶液。 2. 磨口活塞必须密合,并要避免打碎、丢失或互相搞混。 3. 萃取时,振荡初期应放气数次,以免漏斗内压力过大
量筒 量杯	1. 玻璃品质。 2. 以所能量度的最大容积(mL)表示	量度液体的体积(不是十分准确的)	1. 不能用作反应容器。 2. 不能加热或烘烤
坩埚	1. 瓷质、铁、银、镍、铂、刚玉、石英。 2. 规格:以容积(mL)表示,常用者为 30mL	灼烧固体时,能耐高温	1. 灼烧时放在泥三角上,直接用火加热。 2. 烧热的坩埚避免骤冷或溅水。 3. 烧热时只能用坩埚钳夹取,不能放在桌面上

续表

名称	规格表示方法	一般用途及性能	使用注意事项
坩埚钳	铁质或铜合金，表面常镀镍、铬	夹取坩埚或坩埚盖	夹取热坩埚时，应先将夹子尖端预热，免得坩埚骤冷破裂
水浴锅	1. 铜质或铝质。 2. 口径（cm）表示	用于间接加热，也可用于控温实验	1. 防止锅内水分蒸干。 2. 加热时水量不宜太多，以防沸腾溢出
玻璃砂心坩埚	1. 玻璃品质。 2. 以滤板直径（cm）表示。 3. 滤板号	用于过滤定量分析中只需低温干燥的沉淀	1. 只能在低温下干燥和烘烤最高不得超过500℃。 2. 避免碱液和氢氟酸腐蚀，不宜浆状沉淀过滤。 3. 常与吸滤瓶配合使用
布氏漏斗和吸滤瓶	1. 布氏漏斗：瓷质，以直径（cm）表示。 2. 吸滤瓶：玻璃品质，以容积（mL）表示	吸滤较大量固体时用	1. 过滤前，先抽气，再倾注溶液。 2. 过滤洗涤完后，先由安全瓶放气
泥三角	1. 泥质。 2. 以泥三角每边长（cm）表示	坩埚或小蒸发皿加热时的承受器	1. 避免猛烈敲击使泥质脱落。 2. 选择泥三角时，要使搁在其上的坩埚所露出的上部不超过本身高度的1/3。 3. 灼热的泥三角不要滴上冷水
(a) (b) (c) 铁夹（a）；铁圈（b）；铁台（c）	铁质。 铁台以高度（cm）表示； 铁圈或铁环以直径（cm）表示； 铁夹、自由夹以大小表示	固定反应器用，铁圈也可用作泥三角的承架	1. 不能用铁台、铁圈、铁夹等敲打其他硬物，以免打断。 2. 用铁夹固定反应容器时不能夹得太紧，以免夹破仪器

续表

名　称	规格表示方法	一般用途及性能	使用注意事项
蒸发皿	1. 瓷质。 2. 以口径大小（cm）或容积（mL）表示。 3. 分有柄和无柄	蒸发液体时用	1. 热的蒸发皿应避免骤冷骤热或溅水。 2. 可以直接加热
保干器（干燥器）	1. 厚玻璃制。 2. 以口径（cm）表示。 3. 尚有真空干燥器可抽气减压	1. 定量分析时用。 2. 盛需保持干燥的仪器物品	1. 干燥剂不要放得太满。 2. 保干器的身与盖间应均匀涂抹一层凡士林。 3. 灼烧过的物品放入保干器前温度不能过高。 4. 打开盖时应将盖向旁边推开，搬动时应用手指按住盖，避免滑落而打碎。 5. 干燥器内的干燥剂要按时更换
研钵	1. 有瓷质厚玻璃和玛瑙。 2. 以口径（cm）表示	研磨细料	只能研磨不要敲打
毛刷	1. 柄为铁质。 2. 以大小表示	洗刷一般玻璃仪器时用	1. 洗刷玻璃器皿，应小心勿使刷子顶部的铁丝撞穿器皿底部。 2. 刷子不应与酸特别是洗液接触
石棉网	1. 铁线，石棉。 2. 面积大小。	加热玻璃容器时垫在玻璃容器底部，使加热均匀	1. 不能随意扔丢，以免损坏石棉。 2. 不能浸水弄湿
漏斗架	1. 木制。 2. 有螺钉，可固定于铁架或木架子上	过滤时承接漏斗用	固定漏斗板时，不要把它倒放
洗瓶	1. 塑料和玻璃两种。 2. 规格：用容积（mL）表示，如 500mL	用蒸馏水洗涤沉淀和容器用	1. 不能装自来水。 2. 塑料洗瓶不能加热

续表

名　称	规格表示方法	一般用途及性能	使用注意事项
碘瓶	1. 玻璃品质。 2. 以容积（mL）表示。	用于碘量法	1. 塞子及瓶口边缘磨口勿擦伤，以免产生漏隙。 2. 滴定时打开塞子，用蒸馏水将瓶口及塞子上的碘液洗入瓶内

二、玻璃器皿的存放

化学器皿中大部分为玻璃器皿，所以玻璃器皿的存放在化学器皿的管理中占有重要地位。在分析室，只有对化学器皿进行科学合理的管理与存放，才能保证器皿的完好性，使分析工作得以顺利进行。

（一）化学器皿的管理

① 分析室应设专门人员管理玻璃器皿，同时建立玻璃器皿的出入制度及破损登记制度，贵重金属器皿（如铂器皿）要严格登记，由专人负责，存放在指定位置（如专柜内）。

② 分析室的玻璃器皿要实行计划管理，每日由班（组）长负责统计器皿的破损及需添置器皿的种类、规格、数量，并报管理人员，由管理人员汇总提取购买计划、报分析室负责人批后再采购添置。

③ 分析室器皿的添置应在满足分析需要的前提下尽量节约，对损坏、丢失器皿的人员视情节给予必要的经济处罚。

④ 分析室应储备少量的常用玻璃器皿，以供急需时使用。不常用的玻璃器皿应存放在储藏室的专用架上，由专门管理人员负责保存。

⑤ 分析室内的计量器具应由专人管理，此人同时负责器具的登记并按规定送计量检定机构检定。

⑥ 分析室使用的基本玻璃量器（如容量瓶、移液管、滴定管等）经计量检定部门检定合格后，要登记建卡并将检定卡片妥善保管。

（二）玻璃器皿的存放

① 常用的玻璃器皿存放前要洗净和干燥，然后置于干净的器皿橱内，橱内可设带孔的隔板，以便插放仪器，器皿橱的隔板上应衬垫干净的定性滤纸或其他洁净的白纸。器皿上覆盖清洁的纱布，以防止落尘。

② 杯、皿等容器应倒置存放，避免落尘，常用小型器皿可用小玻璃罩盖好。

③ 比色皿存放时，应在小瓷盘或培养皿中垫上滤纸，将洗净的比色皿倒置在滤纸上，控干后收入比色皿专用盒内。若继续使用，可放在培养皿中盖上盖子。

④ 滴定管存放时，应先洗净再倒置在滴定管架上控干。滴定管长期不用时，酸式滴定管拔出活塞，擦净；在活塞与活塞套中间夹纸，套上橡胶圈保存；碱式滴定管长期不用时，应先用稀酸稍洗一下，再用自来水冲洗干净，拔下胶管，在管端涂些滑石粉保存。

⑤ 长期不用的非标准口的具塞玻璃器皿，如容量瓶、比色管、碘量瓶等，存放时应在瓶口处垫一干净的小纸条，以防黏结。

⑥ 存放移液管应先洗涤干净，再用滤纸包好两头，然后置于专用架上。

⑦ 石英玻璃器皿外表与一般玻璃器皿相似，无色透明，所以存放时应与一般玻璃器皿分开，妥善保管，以免混淆。

⑧ 专用组合仪器，如气体分析仪、定氮组合装置及蒸馏设备等，用完洗净后，如连续使用，不必拆卸存放，可安装在原处，加罩防尘即可；如较长时间不用，应拆卸后放在专用盒内存放。此时应在各磨口处垫纸，以防磨口塞固结。

⑨ 玻璃器皿的存放要注意防尘、防潮、防震、防腐、防强光等，根据其材质、形状、用途进行合理存放。

另外，瓷器皿、塑料器皿及其他非金属器皿的存放与玻璃器皿相似，存放时应严格按照其存放原则进行。

(三) 金属器皿的存放

分析室常用的金属器皿主要指由铂、金、银、镍、铁等制成的器皿，存放时应注意以下几方面。

① 防尘、防潮，特别应防止酸等物质对金属器皿的腐蚀。

② 金属器皿存放前应先清理干净后，再按要求存放在器皿架、盒或柜内。

③ 铂坩埚（尤其是热坩埚）等存放时，必须用铂钳或头上包有铂的铁钳及镍钳夹取。

三、玻璃器皿的洗涤与干燥

(一) 一般玻璃器皿的洗涤

1. 分析室常用洗涤剂（液）的种类及使用范围

分析室常用的洗涤剂及洗涤液一般有去污粉、肥皂、碳酸氢钠、合成洗涤剂及其他化学洗涤剂。

去污粉、肥皂、碳酸氢钠等碱性去污物质可除去多种污垢，但去污能力不强并有损玻璃，所以比色器及玻璃量器（如滴定管）不能用此类洗涤剂（液）洗涤。

合成洗涤剂目前发展较快，品种多，数量大，去污能力强且无毒、无腐蚀作用，洗净的仪器倒置时水流出后不挂水珠，所以应用范围较广。

分析室针对玻璃器皿所沾染污垢的性质不同，采用不同的洗涤剂（液）洗涤，会达到最佳的洗涤效果。这类洗涤剂（液）均为化学洗液，常用化学洗液的配方及用法见表 6-2。

表 6-2　常用化学洗液的配方及用法

洗　液	洗涤液及其配方	使用方法及注意事项
铬酸洗液	有各种配方，常用的有如下两种。 ① 20g 研细的重铬酸钾，溶于 40mL 水中，缓缓加入 360mL 浓硫酸； ② 25g 研细的重铬酸钾，加入 50mL 水，加热溶解，冷至室温（有部分重铬酸钾析出），缓缓加入 500mL 浓硫酸	用于除去器皿上残留的油污，将器皿用少量洗液浸润或浸泡一段时间后，将洗液放回原瓶，用大量水冲洗器皿。配制和使用时应注意安全，配制时最好将溶有重铬酸钾的烧杯放在冷水浴中，再缓缓倒入浓硫酸，同时用玻璃棒搅拌
碱洗液	每升含 100g 氢氧化钠的水溶液或乙醇溶液	水溶液可加热使用，去油能力强，但腐蚀玻璃，不可用于玻璃量器的洗涤 碱-乙醇溶液不要加热
碱性高锰酸钾溶液	4g 高锰酸钾，溶于水中，加入 10g 氢氧化钠，用水稀释至 100mL	清洗油污或其他有机物质，洗后容器有污垢处会有褐色的 MnO_2（二氧化锰）析出，可用草酸洗液或硫酸亚铁洗液除去
草酸洗液、硫酸亚铁洗液	① 称 5～10g 草酸，溶于 100mL 水中，加入少量浓盐酸； ② 称 5～10g 硫酸亚铁，溶于水中，加入 10mL 浓硫酸，稀释至约 100mL	清洗用高锰酸钾洗液后产生的二氧化锰。必要时可加热使用
工业盐酸	用浓盐酸或 1+1 盐酸溶液	用以洗去碱性污垢及大多数无机残渣。混有氯酸钾的热浓盐酸可洗掉铁锈斑

续表

洗　液	洗涤液及其配方	使用方法及注意事项
碘-碘化钾溶液	称 1g 碘和 2g 碘化钾，溶于水中，用水稀释至 100mL	洗涤长时间使用硝酸银溶液后的容器上留下的黑褐色沾污物
有机溶剂	苯、乙醚、丙酮、氯仿（三氯甲烷）、二氯乙烷、石油醚等	可洗去油污或可溶于该溶剂的有机物质。用时注意其毒性和可燃性
乙醇-浓硝酸（70%）	不可事先混合于容器中。加入不多于 2mL 的乙醇，加入 10mL 浓硝酸，静置片刻，立即发生剧烈反应，放出大量热及二氧化氮，反应停止后再用水冲洗	用一般方法很难洗净的有机物可用此法。操作应在通风橱中进行，要敞开容器，做好防护工作
浓硝酸（98%）	可用具磨口塞的广口瓶盛装，置于通风橱中远离火源处	用一般方法很难洗净的矿物油脂类可用浓硝酸浸泡后冲洗干净。操作时应戴胶皮手套
浓硫酸（98%）		100℃的浓硫酸可溶解硫酸钡残渣。操作时戴胶皮手套

用化学洗液洗涤时，若采用多种洗液，一定要把前一种洗涤剂（液）冲洗干净后再用另一种洗涤剂（液）洗涤，以免相互作用，生成新的污垢。

2. 化学器皿的洗涤

已洗净的容器壁上，不应附着不溶物或油污。这样的器壁可以被水完全润湿。检查是否洗净时，将容器倒转过来，水即顺着器壁流下，器壁上只留下一层既薄又均匀的水膜，而不应有水珠。其洗净标准见图 6-1。

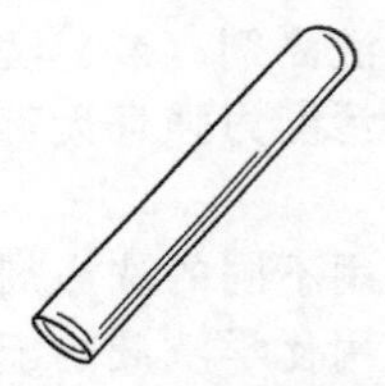

(a) 洗净：水均匀分布(不挂水珠)

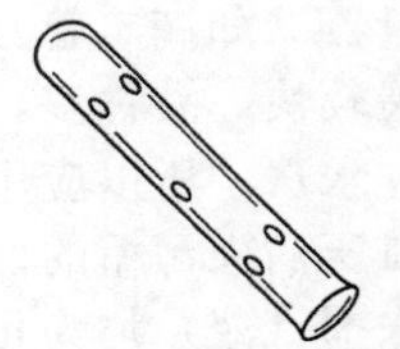

(b) 未洗净：器壁附着水珠(挂水珠)

图 6-1　玻璃器皿的洗净标准

分析室玻璃器皿的洗涤方法很多，在洗涤时，应根据分析要求、器皿上污物的性质及沾污的程度来选用洗涤方法。

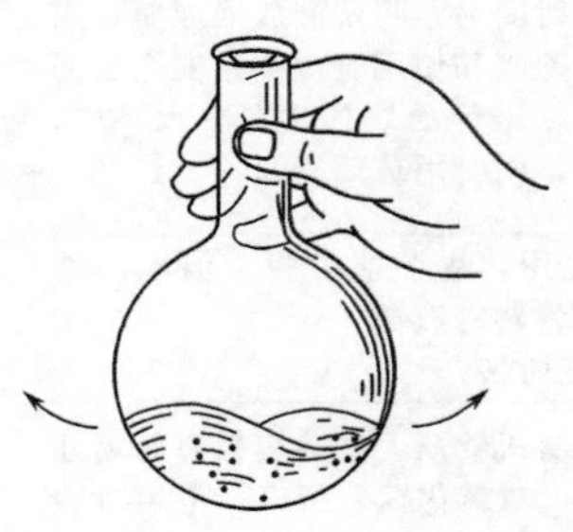

(a) 烧瓶的振荡

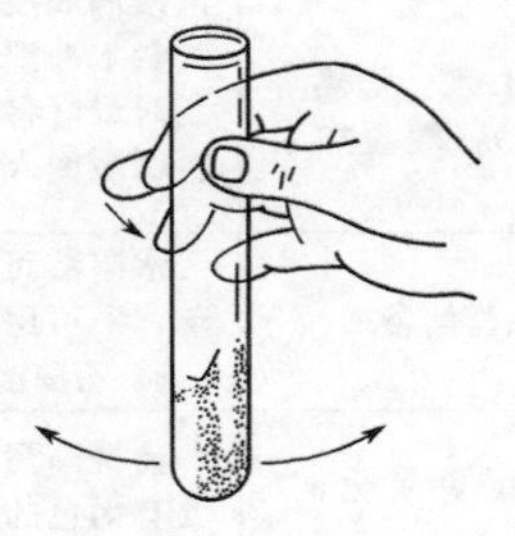

(b) 试管的振荡

图 6-2　用水振荡洗涤器皿

① 若器皿上附着的污物为可溶性物质，可注入少量水，稍用力振荡后，把水倒掉，如此反复洗涤数次至干净为止，操作见图 6-2。

② 沾有油污的玻璃器皿，可用去污粉、肥皂或合成洗涤剂刷洗，操作见图 6-3。刷洗后，再用水连续振荡数次，必要时还应用蒸馏水淋洗 3 次。

③ 内壁附有尘土和不溶性物质，可用毛刷刷洗，操作见图 6-3。

④ 沾有油污的玻璃量器，如滴定管、移液管、容量瓶等可用铬酸洗液洗涤。洗涤步骤如下。

a. 先把仪器内的水倒净。

b. 再往仪器内加入少量洗液，并慢慢倾斜转动仪器，使其内壁全部被洗液湿润。

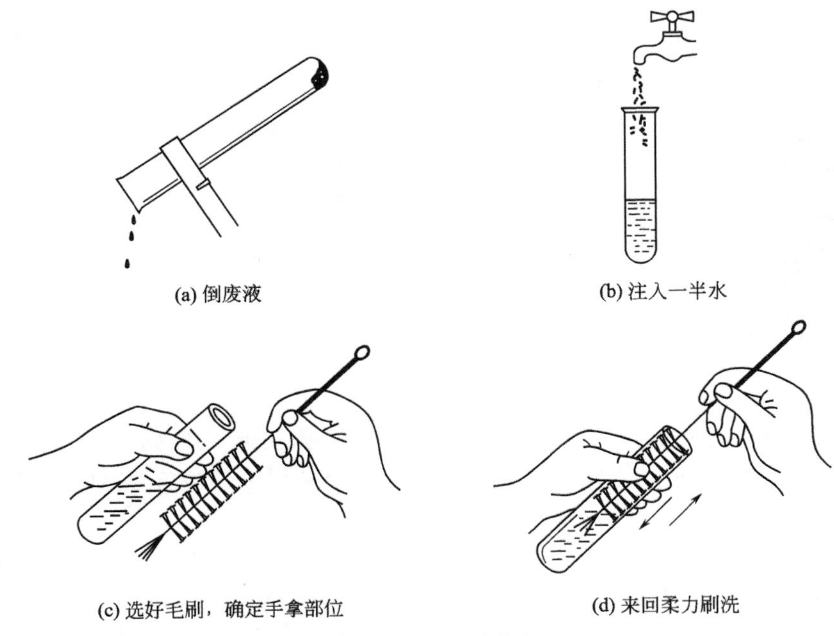

图 6-3　用毛刷刷洗

c. 将仪器转动几圈后，将洗液倒回原来瓶中。

d. 然后用自来水冲洗器壁上残留的洗液，再用蒸馏水冲洗 3～4 次。

在洗涤器皿时要禁止出现如图 6-4 所示的洗涤操作。

使用铬酸洗液时要注意以下几点。

① 使用洗液前最好先用水或去污粉将容器洗一下。

② 使用洗液前应尽量把容器内的水去掉，以免将洗液稀释。

③ 洗液用后应倒入原瓶内，可重复使用。

④ 不要用洗液去洗涤具有还原性的污物（如某些有机物），这些物质能把洗液中的重铬酸钾还原为硫酸铬（洗液的颜色则由原来的深棕色变为绿色）。已变为绿色的洗液不能继续使用。

⑤ 洗液具有很强的腐蚀性，会灼伤皮肤和破坏衣物。如果不慎将洗液洒在皮肤、衣物和实验桌上，应立即用水冲洗。

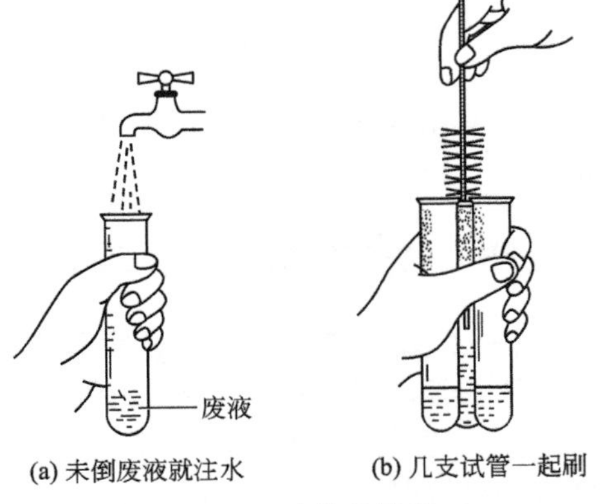

图 6-4　洗涤的错误

⑥ 因重铬酸钾严重污染环境，应尽量少用洗液。用上述方法洗涤后的容器还要用水洗去洗涤剂。并用蒸馏水再洗涤三次。

洗涤容器时应符合少量（每次用少量的洗涤剂）多次的原则，既节约，又提高了效率。用布或纸擦拭已洗净的容器非但不能使容器变得干净，反而会将纤维留在器壁上，污染了容器。

（二）化学器皿的干燥

① 自然风干（晾干）。见图 6-5。

② 烤干。如图 6-6 所示，烤干时，仪器外壁擦干后，用小火烤干，同时要不断地摇动

使受热均匀。

③ 吹干。如图 6-7 所示，先用冷风吹 1～2min，再用热风吹至干燥，最后用冷风吹去残留的蒸汽。

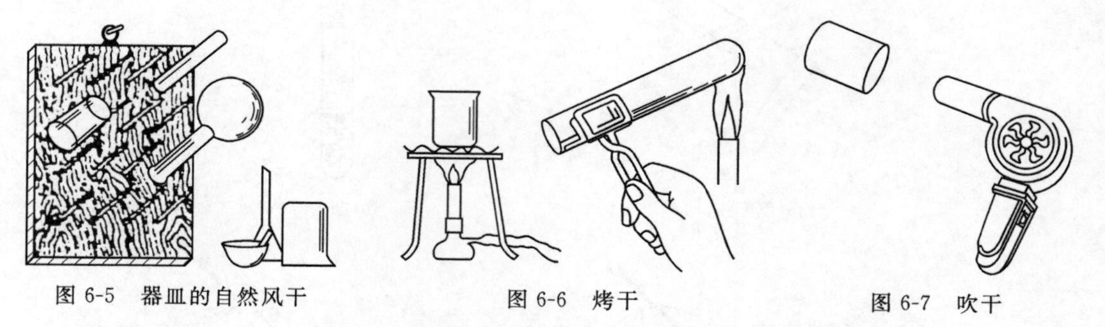

图 6-5　器皿的自然风干　　图 6-6　烤干　　图 6-7　吹干

④ 烘干。如图 6-8 所示，将洗净的玻璃器皿控去水分后，口向上置于温度为 105～110℃的电热恒温干燥箱内干燥 1h 左右。取出冷至室温备用。带磨口活塞的玻璃仪器，必须将活塞取出后进行干燥。

⑤ 用有机溶剂干燥。如图 6-9 所示，有些有机溶剂可以和水相溶，最常用的是酒精，在容器内加入少量酒精，将容器倾斜转动，器壁上的水即与酒精混合，然后倾出酒精和水。留在容器内的酒精挥发，而使容器干燥。往仪器内吹入空气可以使得酒精挥发快一些。

图 6-8　烘干　　图 6-9　快干（用有机溶剂洗）

带有刻度的量器不能用加热方法进行干燥，加热会影响这些容器的精密度，也可能造成破裂。

四、常见玻璃分析仪器的规范使用（基本操作）

（一）移液管与吸量管的基本操作

移液管是用于准确量取一定体积溶液的量出式玻璃量器，它的中间有一膨大部分［图 6-10（a）］，管颈上部刻有一圈标线，在标明的温度下，使溶液的弯月面与移液管标线相切，让溶液按一定的方法自由流出，则流出的体积与管上标明的体积相同。吸量管是具有分刻度的玻璃管，如图 6-10（b），（c），（d）所示，它一般只用于量取小体积的溶液。

常用的吸量管有 1mL，2 mL，5 mL，10 mL 等规格，吸量管吸取溶液的准确度不如移液管。应该注意，有些吸量管其分刻度不是刻到管尖，而是离管尖尚差 1～2cm，如图 6-10（d）所示。

1. 移液管的种类

移液管按其刻度的不同分为分度移液管和单标线移液管两类。分度移液管又分为完全流出式、不完全流出式和吹出式三种。

移液管按其级别分为 A 级、B 级两种，其中吹出式移液管只有 B 级。移液管的种类及规格如表 6-3。

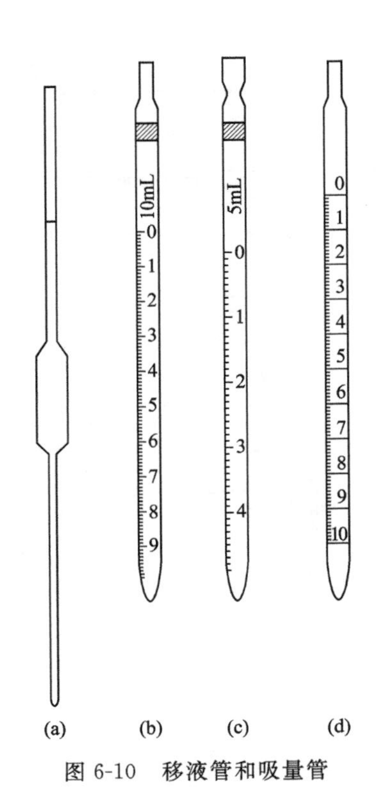

图 6-10 移液管和吸量管

表 6-3 移液管的种类及规格

移液管的种类	用法	准确度	容量/mL
分度移液管（吸量管）	量出	A 级	0.1，0.2，0.25，0.5，1，2，5，10，25，50
		B 级	
单标线移液管		A 级	1，2，3，5，10，15，20，25，50，100
		B 级	

2. 移液管的选择

在分析工作中，当准确移取较大体积的溶液时，如移取 20.00mL，25.00mL，50.00mL 的溶液，要选用单标线移液管；当准确移取较小体积的或非整数体积的溶液时，如移取 0.1mL，0.2mL，1mL，2mL 的溶液，要选用分度移液管（吸量管）。

3. 移液管与吸量管的基本操作

基本操作步骤如表 6-4 所示。

表 6-4 移液管与吸量管的基本操作

步骤	操 作 方 法	图　　示
洗涤	① 在烧杯中放入自来水。 ② 用右手的大拇指和中指拿住单标线移液管管颈标线以上（分度移液管拿住上端无刻度处）部位，将移液管下端插入水中，见图 6-11。 ③ 左手拿洗耳球，食指或拇指放在球体上方，用手将球内空气压出，然后把球的尖端接到移液管的上管口，见图 6-12。 ④ 慢慢松开左手手指，水便逐渐吸入管内，此时移液管尖端应随液面的下降而下移。当水吸入大约 1/3 体积移液管时，移去洗耳球，迅速用右手食指按紧上管口，见图 6-13。 ⑤ 将移液管从烧杯中取出，见图 6-14，并横持，左手扶住管的下端，慢慢松开右手食指。	图 6-11 图 6-12 图 6-13 图 6-14

续表

步骤	操作方法	图示
洗涤	⑥ 用两手拇指和食指轻轻转动管子并降低上管口，让水接触到标线以上部分，布满全管内壁，见图 6-15。 ⑦ 将水从移液管的上口放入废液杯，见图 6-16	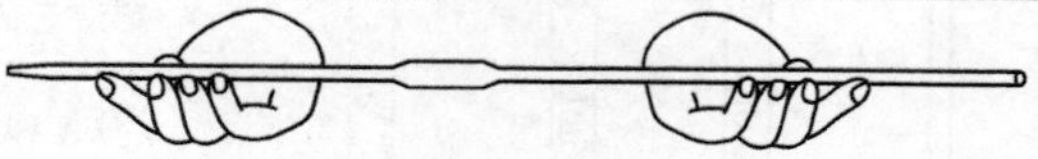 图 6-15 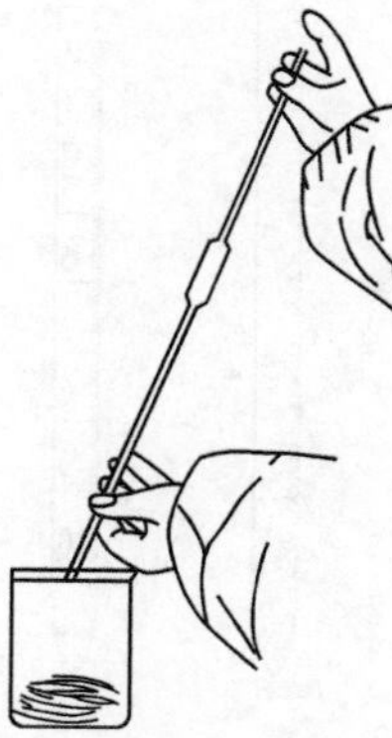 图 6-16
润洗	① 将洗净的移液管用滤纸将其尖端内外的水吸净。以从容量瓶中移取溶液至锥形瓶为例。 ② 吸取移液管 1/3 体积的待移取液润洗移液管 3 次，按移液管洗涤步骤进行，以置换内壁的水分，确保移取液的浓度不变。要注意吸出的溶液不能流回原瓶，以防稀释溶液	同图 6-16
吸取移液	① 吸取待吸液至标线（或最高刻度线）以上。此时吸取溶液时，移液管下口插入待吸液面以下 1～2cm深度为宜，并随液面的下降而下移，不能太深也不能太浅。太深时会使管外壁黏附溶液过多而影响量取溶液的准确性；过浅时会因液面下降后产生吸空，而把溶液吸到洗耳球内被污染。见图 6-17。 ② 移去洗耳球，立即用右手的食指按紧管口，大拇指和中指拿住移液管标线（或最高刻度线）的上方，见图 6-18。 ③ 将移液管向上提升离开液面，管下部尖端浸入溶液部分用吸水纸擦，以除去管外壁上的溶液	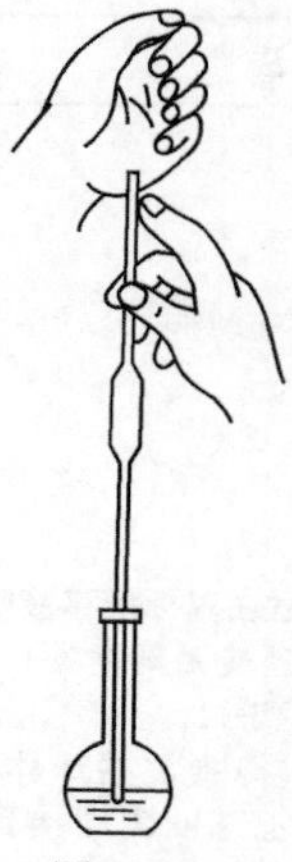 图 6-17 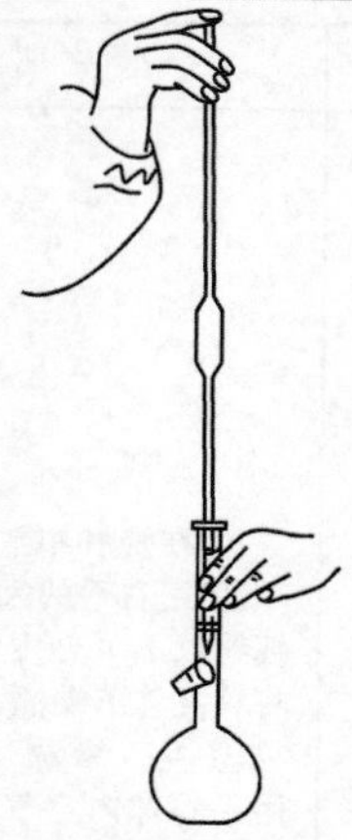　图 6-18
调节液面	① 左手持容量瓶颈部，使容量瓶倾斜，右手持移液管，管下部尖端紧靠在容量瓶内壁并使管身垂直，右手食指微放松，用拇指和中指轻轻转动移液管，让溶液缓慢流出，液面平稳下降，至溶液弯月面最低处与标线相切时，立即用食指压紧管口，见图 6-19 ② 将移液管尖端的液滴靠壁去掉。 ③ 将移液管从容量瓶中移至锥形瓶	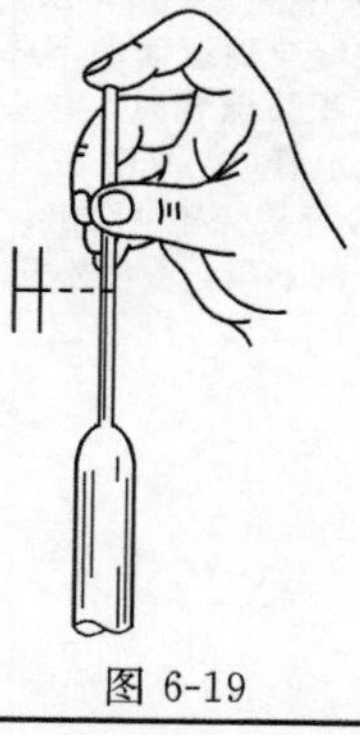 图 6-19

续表

步骤	操 作 方 法	图　示
放出溶液	① 左手拿锥形瓶将其倾斜，移液管尖端紧靠锥形瓶内壁并让其垂直，放开食指让溶液沿瓶壁流下，见图 6-20。 ② 待液面下降到管尖时（此时溶液不流）再等 15s，取出移液管。不要吹出管尖残留的液滴，因为在校正仪器时已考虑了管尖所留溶液体积	图 6-20

移液管的移液操作过程整合如下。

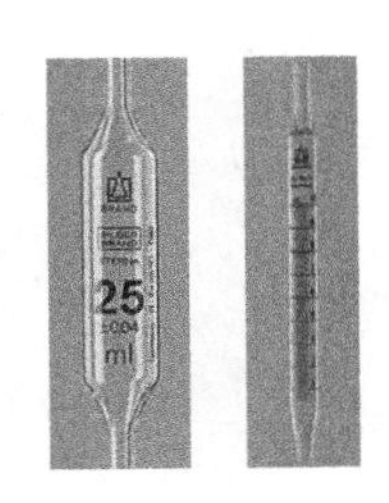

润洗 3 次→吸

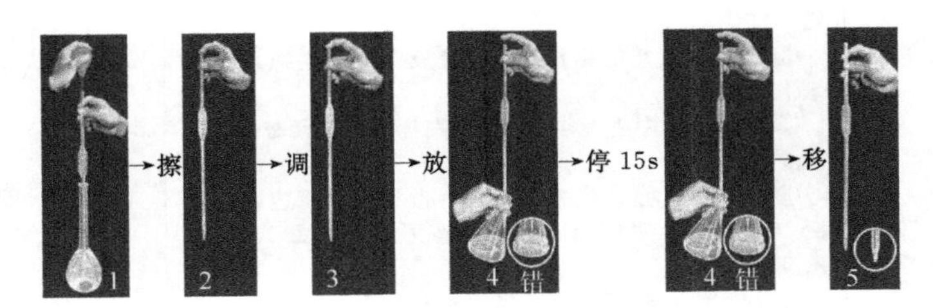

4. 移液管使用注意事项

① 移液管不能在烘箱中烘干，以免改变其容积。

② 同一分析工作，应使用同一支移液管。

③ 使用分度移液管吸取溶液时，每次都应从最上面的刻度为始点，放出所需要的体积，而不是放多少体积就吸多少体积。

④ 用分度移液管放出溶液时，食指不能抬起，应一直轻轻按住管口。以免溶液流出过快以致液面降到所需要的刻度时，来不及按住管口。

（二）容量瓶的基本操作

容量瓶是一种细颈梨形的平底玻璃瓶，带有玻璃磨口玻璃塞或塑料塞，可用橡皮筋将塞子系在容量瓶的颈上（图 6-21）。颈上有标度刻线，表示在规定的温度（一般 20℃）下，液体充满标线时，其体积恰好等于其标称容量。

容量瓶为量入式量器，即以注入量器中液体的体积为其标称容量，应标“In”符号。

图 6-21　容量瓶

1. 容量瓶的作用

容量瓶是用以配制溶液，容量瓶上标有“In 20℃ 250mL”字样，In 表示“容纳”，即量入式，表示这个容量瓶在 20℃，液体充满至标线时，其液体体积恰好为 250mL。

容量瓶的作用是把某一数量的浓溶液稀释成一定体积的稀溶液或将一定量的固体物质配

制成一定体积的溶液。

2. 容量瓶的规格及选择

容量瓶从精度上分有A级和B级，从颜色上分有无色和棕色，从标称容量上分有1mL，2mL，5mL，10mL，25mL，50mL，100mL，200mL，250mL，500mL，1000mL，2000mL等规格。

选择容量瓶时要根据工作精度要求、溶液性质及所需体积来考虑。

3. 容量瓶的操作

容量瓶的操作如表6-5所示。

表6-5 容量瓶的操作

步骤	操作方法	图示
检漏	① 检查容量瓶的容积与所需求的体积是否一致。 ② 检查容量瓶的标线位置离瓶口远近如何。若太近则不宜使用。 ③ 检查容量瓶的瓶塞是否用橡胶圈或塑料绳系在瓶颈上；若没有，应系上。 ④ 向容量瓶中注入自来水至最高标线，盖紧瓶塞。见图6-22。 ⑤ 用左手食指按住瓶塞，右手指尖握住瓶边缘，颠倒10次，每次颠倒时在倒置状态下至少停留10s。见图6-23。 ⑥ 用滤纸在瓶塞与瓶口周围察看是否漏水，应不漏水。见图6-24。 ⑦ 若不漏水，将容量瓶直立，转动容量瓶塞子180°。 ⑧ 盖紧容量瓶瓶塞，再颠倒10次。按⑤、⑥步操作进行试验，应不漏水；若漏水则不能使用	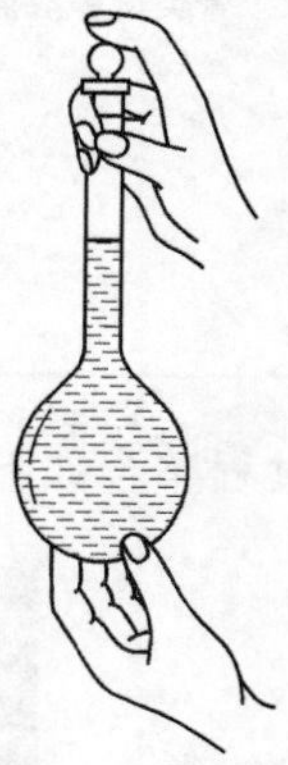 图6-22 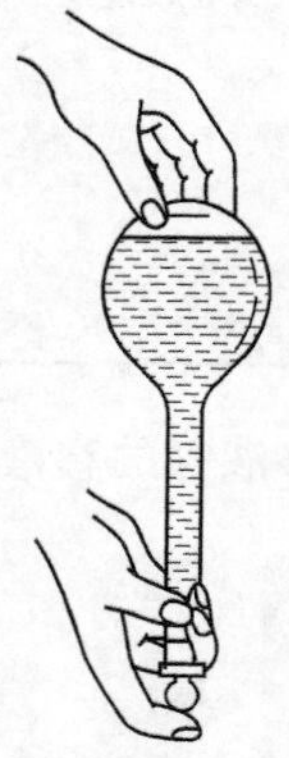 图6-23 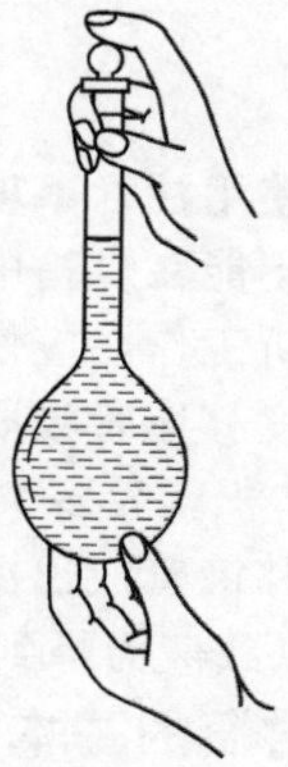 图6-24
洗涤	① 若容量瓶不太脏时，用自来水冲洗干净，再用纯水润洗3次则可备用；若容量瓶较脏应再进行下列洗涤。 ② 将容量瓶中的残留水倒尽，再倒入容量瓶1/10体积左右的铬酸洗液。盖上容量瓶瓶塞，缓缓摇动并颠倒数次，让洗液布满容量瓶内壁，浸泡一段时间。将洗液倒回原瓶，倒出时，边转动容量瓶边倒出洗液。让洗液布满瓶颈，同时用洗液冲洗瓶塞。 ③ 用自来水将容量瓶及瓶塞冲洗干净，冲洗液倒入废液缸。 ④ 用纯水润洗容量瓶及瓶塞3次，盖好瓶塞，备用	

续表

步骤	操作方法	图示
转移溶液	① 转移试液。一手拿玻璃棒伸入容量瓶内，使其下端靠着容量瓶瓶颈内壁，上端不碰瓶口；另一手拿烧杯，让烧杯嘴紧贴玻璃棒，慢慢倾斜烧杯，使溶液沿玻璃棒和容量瓶内壁流入，见图 6-25。 ② 溶液流完后，将烧杯沿玻璃棒轻轻提起，同时将烧杯直立，使附在玻璃棒及烧杯嘴之间的液滴流回烧杯，并将玻璃棒放回烧杯，见图 6-26。 注意：不要使溶液流到烧杯或容量瓶的外壁而引起误差。 ③ 用蒸馏水将玻璃棒和烧杯内壁冲洗 3 次，每次的冲洗液均转移到容量瓶中	图 6-25　图 6-26
定容	① 加蒸馏水至容量瓶的 3/4 体积。 ② 用左手食指和中指夹住容量瓶的瓶塞的扁头，右手指尖托住瓶底将容量瓶拿起，水平方向旋摇几周，作初步混匀。 ③ 继续加蒸馏水至容量瓶标线以下 1cm 处，放置 1～2min。 ④ 用滴管（或洗瓶）逐滴加蒸馏水至与容量瓶标线相切	
摇匀	① 盖紧瓶塞，用左手食指按住瓶塞，其余四指拿住瓶颈标线以上部分。右手指尖托住瓶底边缘，将容量瓶倒转（图 6-27），使气泡上升到顶部。同时将容量瓶振荡数次，然后将容量瓶直立，让溶液完全流下至标线处。 ② 重复第①步操作 10～15 次，即将溶液混合均匀	图 6-27

容量瓶操作过程整合如下。

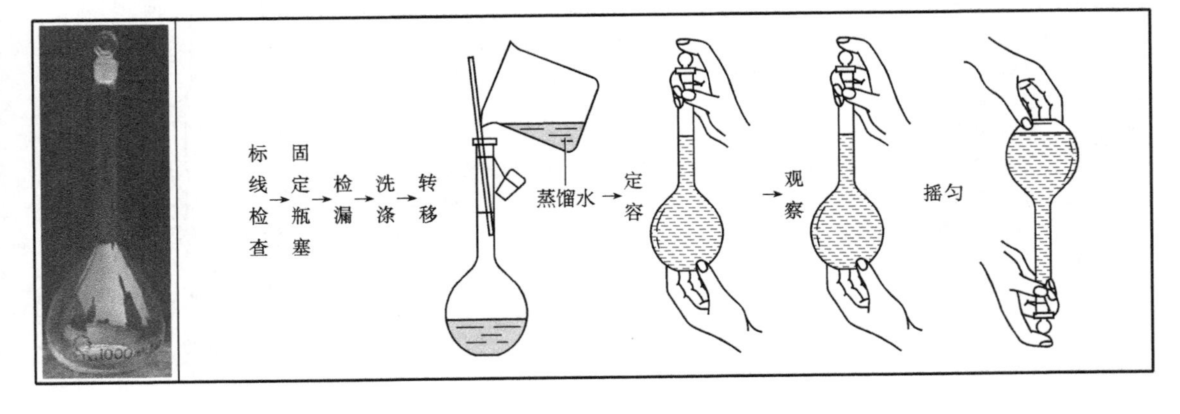

4. 容量瓶使用注意事项

① 容量瓶不能用任何方式加热，以免改变其容积而影响测量的准确度。

② 向容量瓶中转移溶液，应让溶液温度跟室温一致时才能进行。

③ 配制的溶液应及时转移到试剂瓶中，容量瓶不能长久储存溶液，不能将容量瓶作试剂瓶。

④ 容量瓶用完后应立即用水冲洗干净。若长期不用，磨口塞处应衬有纸片，以免放置时间过久，瓶塞打不开。

（三）滴定管的基本操作

1. 滴定管及其作用

滴定管是用于滴定分析的、具有精密容积刻度、下端具有活塞或嵌有玻璃珠的橡胶管的管状玻璃器具，是滴定分析中的最基本量器之一，属于量出式量器。滴定管主要用来准确测量放出标准溶液的体积。

2. 滴定管的分类、结构、用途及选择

根据所装溶液性质的不同和结构，滴定管分类、结构及用途见表 6-6。

表 6-6 滴定管的分类、结构、用途

分类	结构规格及用途	图 示
酸式滴定管	① 滴定管为内径均匀并具有控制溶液流速装置的细长玻璃管。酸式滴定管下端有玻璃活塞开关，可以控制滴定速度。见图 6-28。 ② 滴定管的规格有 50mL，25mL 两种。最小分度值为 0.1mL。 ③ 酸式滴定管用于盛装酸性、中性及氧化性溶液，不能盛装碱性溶液。因为碱性溶液能腐蚀玻璃，使活塞难以转动	图 6-28
碱式滴定管	① 滴定管为内径均匀并具有控制溶液流速装置的细长玻璃管。碱式滴定管的下端连接一橡胶管，管内放一颗直径比橡胶管内径略大一些的玻璃珠，用于控制溶液的滴定速度，橡胶管下端再连一尖嘴玻璃管，见图 6-29。 ② 滴定管的规格有 50mL，25mL 两种。最小分度值为 0.1mL。 ③ 碱式滴定管用于盛碱性溶液和无氧化性溶液。凡能与橡胶管起反应的氧化性溶液均不可装入碱式滴定管，如 $KMnO_4$，$K_2Cr_2O_7$，$AgNO_3$，I_2 和酸溶液等	49 50 图 6-29

续表

分类	结构规格及用途	图　示
微量滴定管	① 也称座式滴定管，见图 6-30。管的左上端有漏斗，用时加溶液，活塞在管下端的两侧。 ② 规格有 10mL、5mL、2mL、1mL。10mL 的最小分度值为 0.05mL。5mL、2mL、1mL 的最小分度值为 0.005mL。 ③ 微量滴定管用来测量最小量液体体积	图 6-30

按其颜色的不同，滴定管可分为无色透明滴定管和棕色滴定管。有些需要避光的溶液，如 $KMnO_4$，$AgNO_3$，I_2 等要用棕色滴定管盛装，以防溶液在滴定过程中分解。

滴定管按其刻度的分度值大小及容量的大小可分为常量滴定管、半微量滴定管和微量滴定管三种。

选用选择滴定管时要根据工作精度要求、溶液性质及所需体积来考虑。常量分析中采用容积为 50mL 及 25mL，最小分度值为 0.1mL 的滴定管，读数时可多读一位，即读至 0.01mL；半微量分析采用的是容积为 10mL、最小分度值为 0.05mL 的滴定管，读数时应读至 0.005mL；微量分析用滴定管容积有 1mL，2mL，5mL，10mL，最小分度值为 0.01mL；应读至 0.001 mL。还要根据所盛装的溶液性质（酸性、碱性、中性、氧化性）选用滴定管；另外还要考虑所装的溶液对光线是否稳定，从而选取无色或棕色滴定管。

3. 滴定管的操作

(1) 酸式滴定管的基本操作

酸式滴定管的基本操作见表 6-7。

表 6-7　酸式滴定管的基本操作

步骤	操作方法	图　示
涂油检漏	① 将酸式滴定管安放在滴定管架上，用手旋转活塞，检查活塞与活塞槽是否配套吻合，见图 6-31。 ② 将滴定管平放在实验台上，取下活塞上的乳胶圈后再取出活塞，见图 6-32。 ③ 用干净的滤纸将活塞和活塞槽擦干净，见图 6-33。 ④ 用食指蘸取少许凡士林，往活塞的粗端及活塞槽的细端内壁均匀地涂上薄薄一层，见图 6-34。 注意：涂油量不能太多，以免凡士林堵塞住活塞的小孔及滴定管的出口。 ⑤ 将涂好凡士林的活塞平行插入活塞槽，并压紧活塞，再向一个方向转动几次，见图 6-35；使凡士林分布均匀，呈透明状态。 ⑥ 将涂好油的滴定管放在实验台上，一手顶住活塞粗端，一手将乳胶圈套在活塞的细端，向一个方向转动，直至凡士林均匀，以防活塞脱落破损。	图 6-31 图 6-32 图 6-33

续表

步骤	操作方法	图示
涂油检漏	见图 6-36。 ⑦ 关闭活塞，将滴定管装水至“0”线以上，置于滴定管架上，直立静置 2min，观察滴定管下端管口有无水滴流出。 ⑧ 用滤纸在活塞周围和滴定管尖检查有无水渗出，见图 6-37。 ⑨ 将活塞转动 180°，静置 2min，观察是否漏水。酸式滴定管的活塞与活塞槽应密合不漏水且转动灵活，否则必须再涂油。 ⑩ 进行步骤②～⑦的操作时应注意： a. 滴定管一定要平放、平拿，不要垂直，以免擦干的活塞又被沾湿； b. 涂好油的活塞应为均匀透明润滑而不漏水，若不呈透明状态，说明水未擦干；若转动不灵活，则涂油不足；若油进入活塞孔，则涂油位置不当或涂油过多，遇此情况都必须重新擦干涂油； c. 若活塞孔和下端管尖被油垢堵塞，可用金属丝除掉，然后用热水冲洗干净	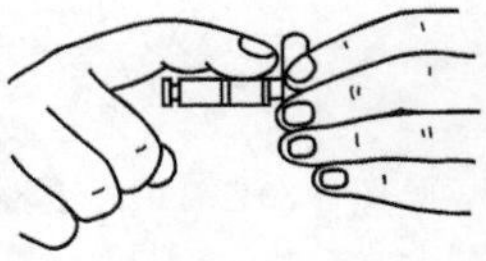 图 6-34 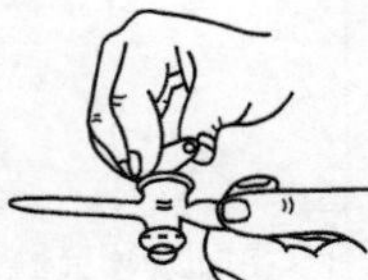 图 6-35 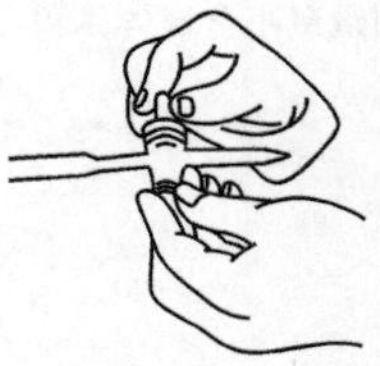 图 6-36 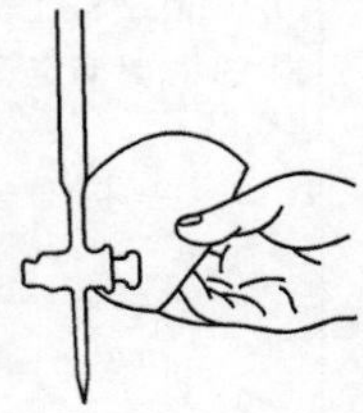 图 6-37
洗涤	① 洗涤剂的选择如下。 a. 若滴定管比较干净，用自来水洗涤。 b. 若滴定管污染较轻，可用洗衣粉或肥皂水进行洗涤。 c. 若滴定管污染较重，难以洗涤时，可用铬酸洗液充满全管，浸泡一定时间。 d. 洗涤滴定管时不能用去污粉刷洗，以免划伤内壁，影响体积的准确测量。 ② 洗涤时，右手拿住滴定管上部无刻度部分，左手拿住活塞上部无刻度部分，两手端平滴定管，使滴定管转动并向管口倾斜，让洗液布满全管，见图 6-38。 ③ 立起滴定管，打开活塞，让洗液从下口流出，若用铬酸洗液洗涤则让洗液从下口流回原洗液瓶内，图 6-39。 ④ 用自来水冲洗 3～4 次，将洗液冲洗干净，湿润而不挂水珠。每一遍的冲洗液都应从滴定管下口流入废液缸，见图 6-40。此时滴定管内壁应完全被水均匀。 ⑤ 用蒸馏水润洗 3～4 次	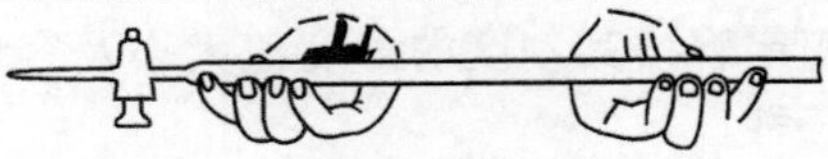 图 6-38 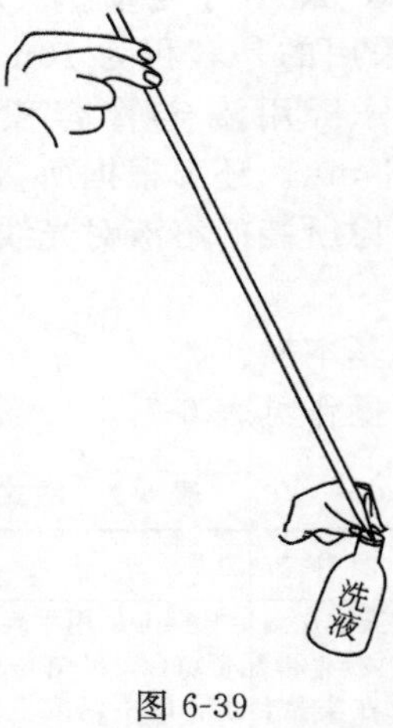 洗液 图 6-39 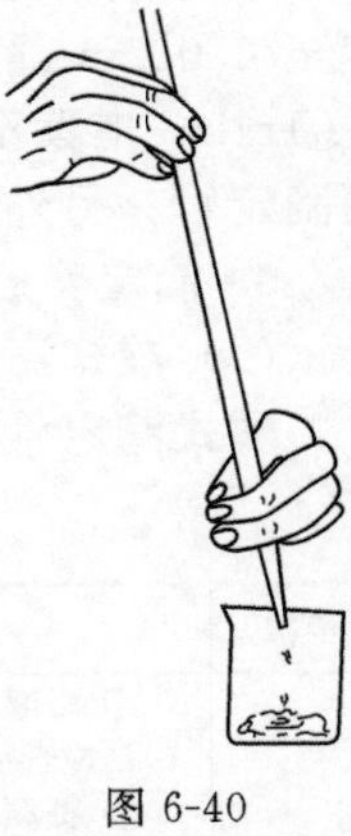 图 6-40
润洗	① 用一只手的食指按住待装标准溶液的瓶塞上部，其余四指拿住瓶颈，另一只手托住瓶底，进行多次振荡将瓶中溶液摇匀，见图 6-41。 ② 用摇匀的标准溶液润洗滴定管 2～3 次。润洗方法按上述用蒸馏水润洗操作进行	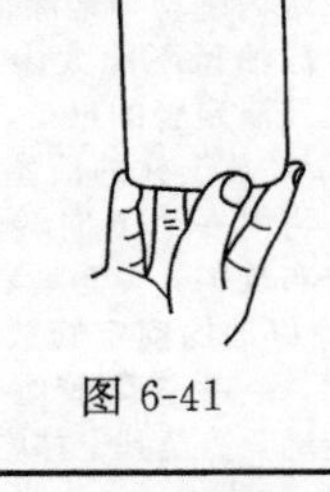 图 6-41

续表

步骤	操作方法	图示
装溶液和赶气泡	① 关闭活塞，用左手前三指拿住滴定管上部无刻度处，并让滴定管稍微倾斜，右手拿住试剂瓶往滴定管中倾倒溶液，使溶液沿滴定管内壁慢慢流下，直到“0.00”刻度以上，见图 6-42。 ② 用右手拿住滴定管上部无刻度处，并使滴定管倾斜约 30°，在其下面放一承接溶液的烧杯，左手迅速打开活塞，溶液急促冲出，赶出气泡，见图 6-43。出口全部充满溶液。赶气泡操作若一次不成功时，可重复进行多次。 ③ 补装溶液于滴定管“0.00”刻度线以上。拧动活塞放掉过多的溶液，调节液面到 0.00mL 处。用一干净的烧杯（内壁）碰去悬在滴定管尖端的液滴，见图 6-44。 ④ 将滴定管垂直夹在滴定管架上，锥形瓶放在滴定架瓷板上，使滴定管尖端距锥形瓶瓶口 3～5cm 左右高度，见图 6-45。 ⑤ 用左手控制活塞进行滴定，右手摇动锥形瓶，迅速混匀两种溶液。使之反应及时、完全。眼睛注意观察锥形瓶中溶液颜色的变化。左右两手操作及眼睛观察要同时进行，并密切配合，见图 6-46。	 图 6-42 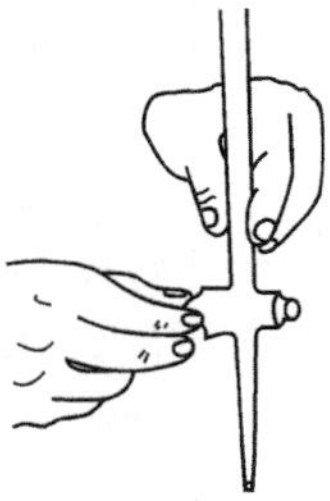　图 6-43 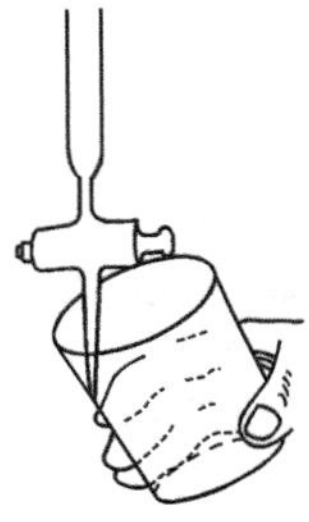 图 6-44 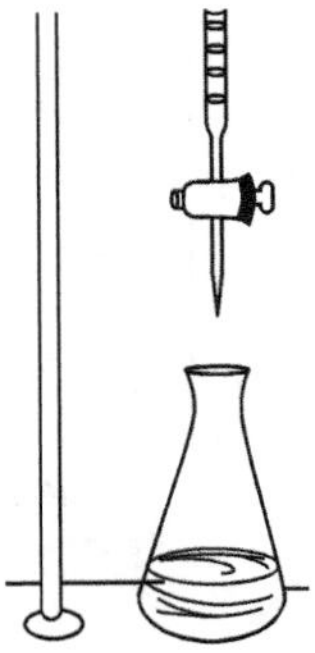　图 6-45  图 6-46
滴定	① 左手滴定：拇指在前，食指和中指在后，握持活塞柄，无名指与小指弯曲在活塞下方和滴定管之间的直角内，转动活塞时，手指微屈，手掌中心要空，见图 6-47。注意：手心不要向外顶，以免将活塞顶出而造成漏液。 ② 右手摇瓶：右手前三指拿住瓶颈，转动腕关节，向同一方向（顺时针方向或逆时针方向）作圆周运动，不能将锥形瓶前后摇动，左右摇晃，以防溶液溅出而造成误差。滴定管插入锥形瓶口约 1～2cm，要边滴边摇瓶，见图 6-48。 ③ 眼睛注意观察锥形瓶中颜色的变化，以便准确地确定滴定终点。滴定开始时滴落点周围无明显的颜色变化，滴定速度可以快些，并边滴边摇瓶；继续滴定，颜色可暂时扩散到溶液，此时应滴一滴、摇几下，最后要每滴出半滴就需要摇几下，直至终点。	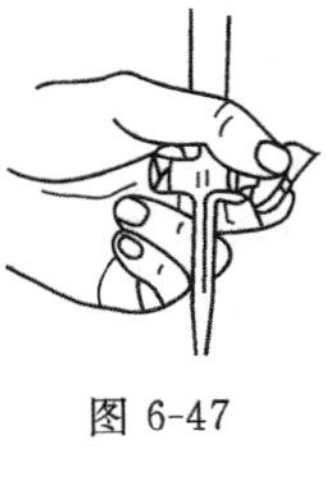 图 6-47 　图 6-48

续表

步骤	操作方法	图示
滴定	④ 要掌握下列三种滴加溶液的技能： a. 逐滴滴加； b. 只加一滴； c. 使溶液悬而未落，即加半滴。加半滴的方法是先控制活塞转动，使半滴溶液悬于管口，用锥形瓶内壁接触液滴，再用蒸馏水吹洗瓶壁。也可用洗瓶直接吹洗悬挂在出口管管口上的半滴溶液	
读数规则	① 确定滴定管终点读数并记录数据（读至0.01mL）。为了准确读数，应遵守以下规则。 a. 读数时滴定管应垂直放置。滴定管夹在滴定管架上，并使滴定管保持垂直状态。 b. 注入溶液或放出溶液后，需0.5min后才能读数。 c. 对于无色或浅色溶液，读数时视线应与弯面下缘实线的最低点相切，见图6-49。 d. 对于深色溶液如$KMnO_4$，I_2溶液，视线应与液面两侧的最高点相切，见图6-50。 ② 为了协助读数，更清晰地辨认弯月面，可采用读数卡，见图6-51。 ③ 初读与终读应选用统一标准。常量滴定管必须读到0.01mL，微量滴定管必须读到0.001mL，并立即将数据写在记录本上。 ④ 滴定时，最好每次都从零位开始或从接近零的任一刻度开始。这样可固定在某一段体积范围内滴定，减少测量误差	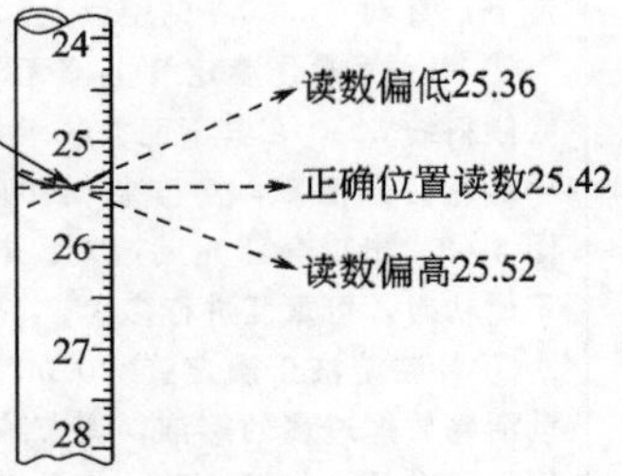 24 25 26 27 28 弯月面 读数偏低25.36 正确位置读数25.42 读数偏高25.52 图 6-49 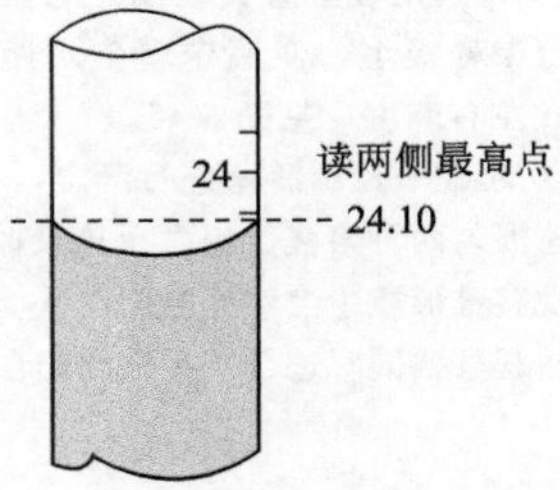 24 读两侧最高点 24.10 图 6-50 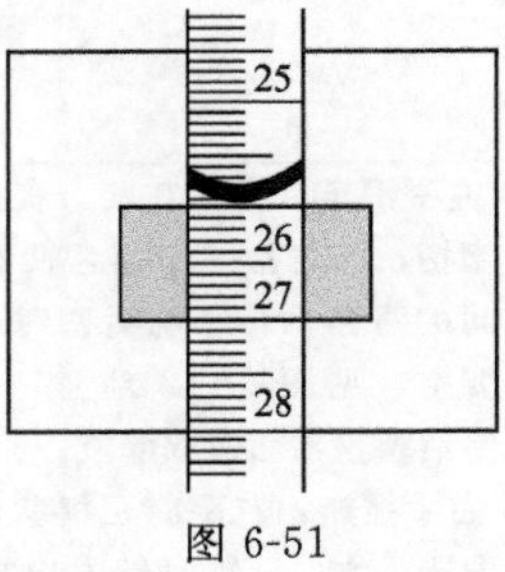 25 26 27 28 图 6-51

(2) 碱式滴定管的基本操作

① 准备。包括检漏、更换玻璃珠及橡胶管、洗涤等环节。

a. 检查下端的橡胶管是否老化，玻璃珠大小是否合适配套；橡胶管若老化应更换；玻璃珠太小或不圆滑会漏液，太大时操作起来费力。

b. 检漏。将滴定管装满水，置于滴定管架上直立静置2min，仔细观察滴定管下端有无水滴流下。若漏水时，应更换大小合适、圆滑的玻璃珠或橡胶管。

c. 洗涤。去掉橡胶管，取出玻璃珠和尖嘴管，将滴定管倒立于洗液中，用洗耳球吸取洗液充满全管数分钟，再将洗液放回原瓶，用自来水冲洗干净后将玻璃珠、尖嘴管、滴定管、橡胶管装配好；最后用蒸馏水润洗 3 次。

② 滴定操作。具体步骤如下。

a. 用待装液润洗 3 次。

b. 装液于“0.00”刻线以上。

c. 赶气泡。对光检查橡胶管内及下端尖嘴玻璃管内是否有气泡。若有气泡，可将装满操作液的滴定管放于滴定管架上，用左手拇指和食指捏住玻璃珠所在部位稍上处，橡胶管向上弯曲，尖嘴管倾斜向上，用力往一旁挤捏橡胶管，使溶液从管口喷出，除去气泡，见图 6-52。

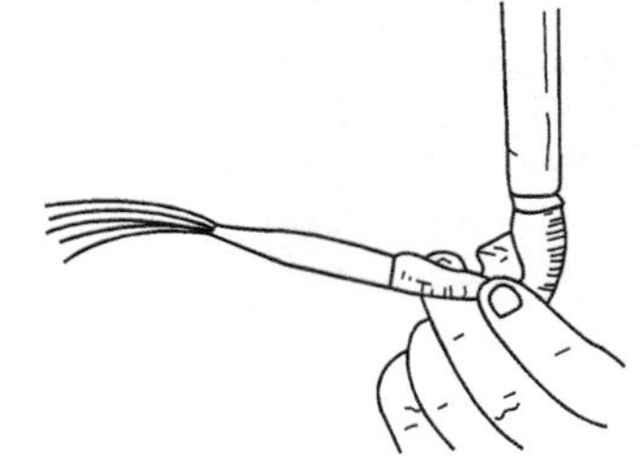

图 6-52　碱式滴定管赶气泡

注意：当气泡排除后，左手应边挤捏橡胶管，边将橡胶管放直，待橡胶管放直后，才能松开左手的拇指和食指，否则气泡排不干净。

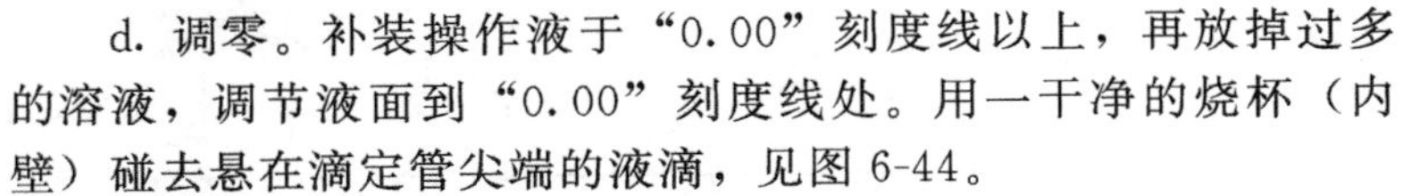

d. 调零。补装操作液于“0.00”刻度线以上，再放掉过多的溶液，调节液面到“0.00”刻度线处。用一干净的烧杯（内壁）碰去悬在滴定管尖端的液滴，见图 6-44。

e. 将滴定管垂直地夹在滴定管架上，锥形瓶放在滴定管架瓷板上，使滴定管尖端距锥形瓶瓶口 3～5cm 高。

f. 滴定操作。左手操作滴定管，拇指在前食指在后，捏住玻璃珠所在部位稍上方的橡胶管Ⅰ处，见图 6-53（a）处，无名指和小指夹住尖嘴管Ⅲ处，使尖嘴管垂直而不摆动，见图 6-53。

拇指和食指捏挤橡胶管，使与玻璃珠形成缝隙，溶液即从缝隙中流出，见图 6-54，停止滴定时，要先松开拇指和食指，然后松开无名指和小拇指。

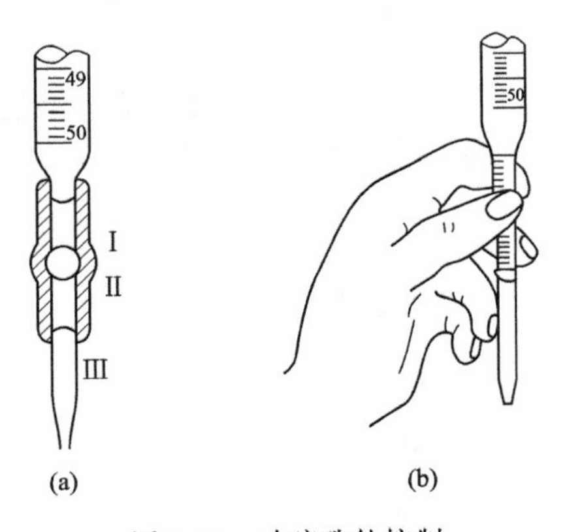

图 6-53　玻璃珠的控制

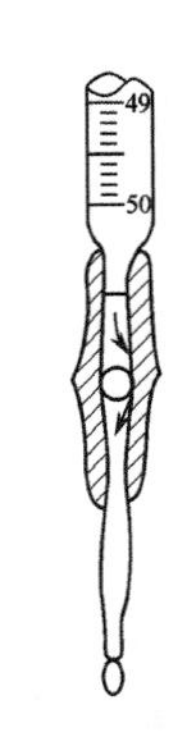

图 6-54　溶液从缝隙中流出

注意：不要用力捏玻璃珠，不能使玻璃珠上下移动；不能捏挤玻璃珠下面的橡胶管，否则放开手时，会有空气进入玻璃管而形成气泡。右手摇瓶（与酸式滴定管的操作相同），眼睛注意观察锥形瓶中溶液颜色的变化。

③ 确定滴定管终点读数并记录数据。

④ 滴定完毕，倒出管中剩余溶液，洗净滴定管，备用。

滴定管操作过程整合如下。

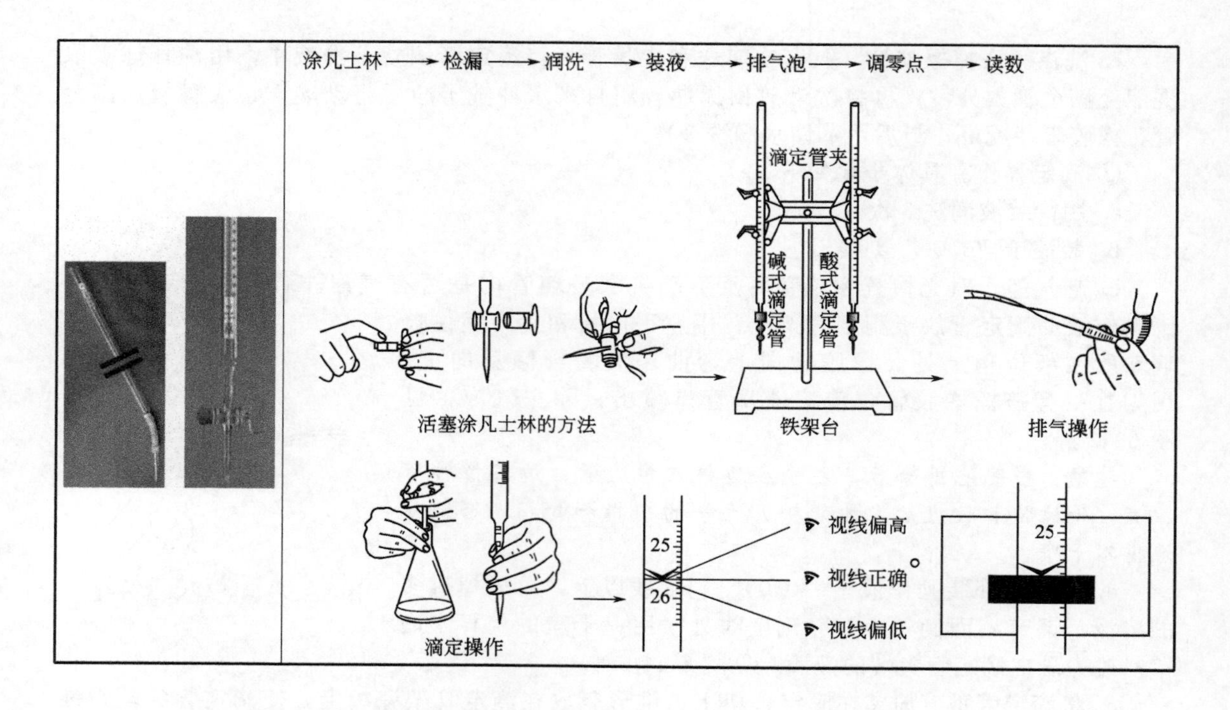

五、滴定分析仪器的校准

(一) 仪器校准的必要性

在实际应用中由于玻璃具有热胀冷缩的特性，在不同的温度下容量器皿的体积也有所不同。容量器皿的容积与其所标出的体积并非完全相符合。一般的生产控制分析，不必进行校准。但对于准确度较高的分析，如原材料分析成品分析、标准溶液的标定、仲裁分析、科研分析等，则必须经校准后才能使用。仪器的校准，是指用标准器具或标准物对仪器的读数进行测定，以检查仪器的误差。

校准玻璃容量器皿时，必须规定一个共同的温度值，这一规定温度值为标准温度。国际上规定玻璃容量器皿的标准温度为 20℃，即在校准时都将玻璃容量器皿的容积校准到 20℃时的实际容积。

(二) 校准方法

滴定分析量器的校准方法有衡量法、相对校准法和容量比较法。

1. 衡量法

衡量法也叫绝对校准法或称量法。它是称取量器某一刻度放出或容纳纯水的质量，然后根据该温度下水的密度将水的质量换算为容积的方法。测定工作是在室温下进行的。一般规定以 20℃作为室温的校准温度。国产的滴定分析仪器其标称容量都是以 20℃为标准温度进行标定的。

将称出的纯水质量换算为容积时，应考虑以下因素。

① 水的密度随温度的变化而改变，在 3.98℃时真空中水的密度为 $1g/cm^3$；高于或低于这个温度，其密度都小于 $1g/cm^3$。

② 温度对玻璃仪器热胀冷缩的影响。

③ 称量一般都是在空气中进行，空气浮力对纯水质量产生影响，在空气中称得的质量要小于在真空中称量的质量。

将以上三方面因素综合考虑，得到一个总校正值 K，见表 6-8。表中的数字表示玻璃量器容积（20℃）为 1mL 的纯水在不同的温度下于空气中用黄铜砝码称得的质量。利用此校正值可将不同温度下的水的质量换算成 20℃时的体积：

$$V_{20}=m_t\times K_t$$

式中　V_{20}——量器在校准温度 20℃时的实际容量，mL；

m_t——t℃时，在空气中称得量器放出或装入纯水的质量，g；

K_t——量器中容积为 1mL 的纯水在 t℃时用黄铜砝码称得的质量，g。

表 6-8　玻璃容器中 1mL 水在空气中用黄铜砝码称得的质量

水温 t/℃	0.0	0.1	0.2	0.3	0.4	0.5	0.6	0.7	0.8	0.9
15	1.00208	1.00209	1.00210	1.00211	1.00213	1.00214	1.00215	1.00217	1.00218	1.00219
16	1.00221	1.00222	1.00223	1.00225	1.00226	1.00228	1.00229	1.00230	1.00232	1.00233
17	1.00235	1.00236	1.00238	1.00239	1.00241	1.00242	1.00244	1.00246	1.00247	1.00249
18	1.00251	1.00252	1.00254	1.00255	1.00257	1.00258	1.00260	1.00262	1.00263	1.00265
19	1.00267	1.00268	1.00270	1.00272	1.00274	1.00276	1.00277	1.00279	1.00281	1.00283
20	1.00285	1.00287	1.00289	1.00291	1.00292	1.00294	1.00296	1.00298	1.00300	1.00302
21	1.00304	1.00306	1.00308	1.00310	1.00312	1.00314	1.00315	1.00317	1.00319	1.00321
22	1.00323	1.00325	1.00327	1.00329	1.00331	1.00333	1.00335	1.00337	1.00339	1.00341
23	1.00344	1.00346	1.00348	1.00350	1.00352	1.00354	1.00356	1.00359	1.00361	1.00363
24	1.00366	1.00368	1.00370	1.00372	1.00374	1.00376	1.00379	1.00381	1.00383	1.00386
25	1.00389	1.00391	1.00393	1.00395	1.00397	1.00400	1.00402	1.00404	1.00407	1.00409

【例 6-1】 15℃时，称得 250mL 容量瓶中容纳纯水的质量为 249.52g，求该容量瓶在 20℃的容量是多少？

【解】 查表 6-8，15℃时 $K_{15}=1.00208$g，$m_{15}=249.52$g，代入公式：

$$V_{20}=m_t\times K_t=249.52\times 1.00208=250.04(\text{mL})$$

$$\text{体积补正值}\Delta V=250.04-250.00=0.04(\text{mL})$$

容量瓶在 20℃的容量是 250.04mL，体积补正值为 0.04mL。

【例 6-2】 在 21℃时由滴定管放出 10.03mL 水，称得其质量为 10.04g，求该段滴定管在 20℃时的实际容量是多少？

【解】 查表 6-8，$K_{21}=1.00304$g。$m_{21}=10.04$g，所以

$$V_{20}=m_t\times K_t=10.04\times 1.00304=10.07(\text{mL})$$

$$\text{体积补正值}\Delta V=10.07-10.03=0.04(\text{mL})$$

所以，这段滴定管在 20℃的容量是 10.07mL，体积补正值为 0.04mL。

2. 相对校准法

在分析工作中，经常是容量瓶和移液管配套使用，就不需要进行两种量器各自的绝对校准，而只需进行两种量器的相对校准。如将一定量的物质溶解在 250mL 容量瓶中定容，用 25mL 移液管移取进行定量分析，只需要确定 25mL 移液管跟 250mL 容量瓶的容积比例为 1∶10 即可。

相对校准法是相对比较两个量器所盛液体的体积比例关系。校正方法是用 25mL 移液管吸取纯水，注入干燥的 250mL 容量瓶中，如此进行 10 次，观察容量瓶中水的弯月面下缘是否与标线相切。若正好相切，说明移液管与容量瓶的容积关系比例为 1∶10，若不相切表示有误差。待容量瓶干燥后再重复操作，若仍不相切，可在容量瓶瓶颈上另做一标记，以新标记为准。

3. 容量比较法

容量比较法需要一套精密的标准器，将待校准量器跟标准器容量相比较。校准速度较快，但不如衡量法准确，一般分析室使用较少，多用于计量检定部门。

（三）移液管与吸量管的校准（称量法）

移液管按其容量精度分为A级和B级。国有规定的容量允差见表6-9（摘自国家标准GB 12808—1991）。

表6-9 常用移液管的容量允差

标称总容量/mL		2	5	10	20	25	50	100
容量允差/mL（±）	A	0.010	0.015	0.020	0.030	0.030	0.050	0.080
	B	0.020	0.030	0.040	0.060	0.060	0.100	0.160

1. 目的

校正移液管，确保物质分析的准确性。

2. 适用范围

1mL，2mL，3mL，5mL，10mL，15mL，20mL，50mL，100mL单标线移液管的检定。

3. 称量法校正规程

① 将洗净并干燥的具塞锥形瓶放在天平上称量其质量m_1，并记录。

② 用洗净干燥的25mL单标线移液管吸取纯水至标线以上并调节液面至标线处。

③ 用温度计测量纯水的温度。

④ 将单标线移液管垂直地移至具塞锥形瓶中，管尖靠内壁，锥形瓶倾斜45°，放开手指，使水沿瓶壁流下，当流至瓶口不流时，等待15s。

⑤ 将具塞锥形瓶放于天平上称出瓶加水的总质量m_2并记录，则放出纯水质量为m_2-m_1。

⑥ 将测定数据代入计算公式计算出移液管的真实容积。

⑦ 反复进行上述操作三次及计算，取其平均值。

4. 结果处理

根据上述自校项目的数据，查表6-9，判定其是否符合相应的标准等级。

（四）容量瓶的校准（称量法）

容量瓶的精度级别分为A级和B级。国家规定的容量允差列于表6-10中（摘自国家标GB 12806—1991）。

表6-10 常用容量瓶的容量允差

标称总容量/mL		5	10	25	50	100	200	250	500	1000	2000
容量允差/mL（±）	A	0.02	0.02	0.03	0.05	0.10	0.15	0.15	0.25	0.40	0.60
	B	0.04	0.04	0.06	0.10	0.20	0.30	0.30	0.50	0.80	1.20

1. 目的

校正容量瓶，确保物质分析的准确性。

2. 适用范围

50mL，100mL，200mL，250mL，1000mL单标线容量瓶的校准。

3. 称量法校正规程

① 用天平称取洁净而干燥的250mL容量瓶的质量m_1称准至0.01g。

② 将250mL烧杯内与室温平衡的纯水沿玻璃棒倒入250mL容量瓶中至标线下5mm

处，停留 1～2min，用滴管逐滴加水至标线。

③ 用滤纸吸干瓶颈内壁的水珠随即盖紧瓶塞，并仔细将瓶外壁擦干。

④ 用托盘天平称取容量瓶加水的质量 m_2，m_2-m_1，即为容量瓶所容纳纯水的质量。

⑤ 用温度计测定纯水的温度。

⑥ 将测定数据代入公式计算容量瓶的真实容积。

4. 结果处理

根据上述自校项目的自校数据，查表 6-10，判定其是否符合相应的标准等级。

（五）相对法校准容量瓶和移液管

1. 目的

校正配套的移液管和容量瓶，确保物质分析的准确性。

2. 适用范围

配套的移液管和容量瓶。

3. 相对法校正规程

① 用洁净的 25mL 移液管吸取纯水至标线以上，并调节好液面。

② 将调好液面的纯水放入洁净而干燥的 250mL 容量瓶中。

③ 重复以上操作，共进行 10 次。

④ 观察容量瓶中水的弯月面下缘的位置是否与容量瓶标线相切。若正好相切，该移液管与容量瓶容积关系比例为 1∶10，可配套使用。若不相切，再进行以下操作。

⑤ 将容量瓶中纯水倒出，干燥容量瓶（不可加热干燥）。

⑥ 重复①～④步操作，确定容量瓶标线的位置。若跟原标线不相切，应另做标记，以新标线为准。

最后将移液管和容量瓶的相对校正记录填在表 6-11 中。

表 6-11 移液管和容量瓶的相对校正记录

移液管/mL	容量瓶/mL	移取蒸馏水次数	记号标线位置（与原标线比较）		
			高于	低于	重合
25	250				
25	500				
50	250				
50	500				

（六）滴定管的校准

滴定管的总容量最小的是 1mL，最大的是 100 mL，常用的是 50mL，25mL 和 10mL 的滴定管。国家规定的容量允差列于表 6-12 中（摘自 GB 12805—1991）。

表 6-12 常用滴定管的容量允差

标称总容量/mL		2	5	10	25	50	100
分度值/mL		0.02	0.02	0.05	0.1	0.1	0.2
容量允差/mL（±）	A	0.010	0.010	0.025	0.05	0.05	0.10
	B	0.020	0.020	0.050	0.10	0.10	0.20

1. 目的

校正滴定管，确保物质分析的准确性。

2. 适用范围

酸式滴定管、碱式滴定管的校准。

3. 用称量法校准规程

① 在洗净的50mL滴定管中装满纯水并调节液面至“0.00”刻度处。

② 用温度计测量纯水温度。

③ 将50mL具塞锥形瓶用洗液洗净，烘干，在天平上称其质量 m_1，并记录于表6-13。

④ 从滴定管中以滴定速度放出10mL纯水于50mL具塞锥形瓶中，称其质量 m_2,并记录，则放出纯水质量为 m_2-m_1。

⑤ 从滴定管再放出10mL纯水于具塞锥形瓶中，于天平上称量，记录数据，计算第二次放出纯水的质量。如此逐段放出和称量，直到50mL刻度处为止。

⑥ 将测定数据代入公式计算各段真实容积。

⑦ 用滴定管各段的真实容积减去滴定管各段放出纯水的读数容积，求出滴定管各段的校正值。然后再计算出滴定管的总校正值，用此值来校准滴定后用去溶液的体积。

4. 结果处理

根据上述自校项目的自校数据，查表6-12，判定其是否符合相应的标准等级。

称量法校正50mL酸式滴定管记录见表6-13。

表6-13 称量法校正50mL酸式滴定管记录

水温=__________℃　　1mL水的质量=__________g

滴定管读数	读数的容积/mL	瓶+水的质量 m_1/g	瓶+水的质量 m_2/g	水的质量/g	真实容积/mL	校正值/mL	总校正值/mL

(七) 温度补正值

由于滴定分析量器是以标准温度20℃标定的，而使用温度不一定是标准温度，因此，量器的容量及溶液的体积都将发生变化。当温度变化不大时玻璃量器容量变化值很小，可以忽略不计，但溶液体积的变化不可忽略。为了便于校准在其他温度下所测量溶液的体积，表6-14列出在不同温度下1000mL水或稀溶液换算到20℃时，其体积应增减的校正值（mL）。

表6-14 不同温度下每1000mL水或稀溶液换算到20℃时的校正值　　单位：mL

温度/℃	水、0.01mol/L各种溶液及0.1mol/L HCl	0.1mol/L各种溶液	温度/℃	水、0.01mol/L各种溶液及0.1mol/L HCl	0.1mol/L各种溶液
5	+1.5	+1.7	20	+0.0	+0.0
10	+1.3	+1.45	25	−1.0	−1.1
15	+0.8	+0.9	30	−2.3	−2.5

【例6-3】 在10℃时，滴定用去25.00mL 0.1mol/L的标准滴定溶液，在20℃时溶液的体积应为多少？

【解】 查表6-14，10℃时校正值为1.45，所以

$$V_{20}=25.00+1.45\times 25.00/1000=25.04(\text{mL})$$

所以在20℃时溶液的体积应为25.04mL。

六、技能训练

① 用单标线移液管移取 25mL 自来水。

② 用分度移液管移取 0.5mL，1mL，2mL，5mL 的自来水。

③ 移取配制的 NaCl 溶液 25mL，稀释到 250mL（用容量瓶）。

④ 酸式滴定管的操作：a. 检查及试漏；b. 涂油；c. 洗涤；d. 置换；e. 装溶液；f. 赶气泡；g. 调液面；h. 滴定；i. 读数和记录。

⑤ 进行酸式滴定管的下列操作：a. 逐滴滴加；b. 只加一滴；c. 滴加半滴。

⑥ 碱式滴定管的操作：a. 试漏；b. 洗涤；c. 置换；d. 装溶液；e. 赶气泡；f. 调液面；g. 滴定；h. 读数和记录。

⑦ 进行碱式滴定管的下列操作：a. 逐滴滴加；b. 只加一滴；c. 滴加半滴。

⑧ 用称量法校准移液管。

⑨ 用称量法校准滴定管。

⑩ 用相对法校准容量瓶和移液管。

任务一　酸碱溶液的相互滴定

【任务描述】

你应聘到某公司的化验室工作，化验室主任想测验你对滴定管的操作规范性和准确性，他希望你用酸碱溶液进行相互滴定。要求如下：以甲基橙为指示剂，用酸滴定碱；以酚酞为指示剂，用碱滴定酸。请你按照要求完成测试。

一、以甲基橙为指示剂，用酸滴定碱

1. 前期准备

（1）仪器、试剂　酸、碱滴定管，锥形瓶，0.1mol/L NaOH 溶液，0.1mol/L HCl 溶液，0.1%的甲基橙指示剂，1%的酚酞指示剂。

（2）洗涤仪器　锥形瓶、酸、碱滴定管。

（3）酸碱溶液的装入

① 将洗净的碱式滴定管用 0.1mol/L NaOH 溶液润洗 3 次，每次 5~10mL，然后将 0.1mol/L NaOH 溶液直接倒入碱式滴定管中，排气泡，将液面调至零位。

② 将洗净的酸式滴定管用 0.1mol/LHCl 溶液润洗 3 次，每次 5~10mL，然后将 0.1mol/L HCl 溶液直接倒入碱式滴定管中，排气泡，将液面调至零位。

2. 滴定

① 由碱式滴定管中放出 20~25mL0.1mol/L NaOH 溶液，于 250mL 的锥形瓶中，加入 1~2 滴 0.1%的甲基橙指示剂，用 0.1mol/L HCl 溶液滴定至溶液由黄色变为橙色为终点。结果记录于表 6-15 中。

表 6-15　以甲基橙为指示剂，用酸滴定碱记录表

项　目	滴定次数		
	1	2	3
放出 $V_{(NaOH)}$/mL			
始读数 $V_{(HCl)}$/mL			
终读数 $V_{(HCl)}$/mL			
$V_{(HCl)}$/mL（平均值）			

② 读取滴定管中的液面体积， 准至 0.01mL， 记录 HCl 溶液用量。

二、 以酚酞为指示剂， 用碱滴定酸

滴定步骤如下。

① 由酸式滴定管中放出 20~25mL0.1mol/L HCl 溶液， 于 250mL 的锥形瓶中，加入 1~2 滴 1%的酚酞指示剂， 用 0.1mol/L NaOH 溶液滴定，溶液由无色变为微红色半分钟不褪为滴定终点。 结果记录于表 6-16 中。

表 6-16　以酚酞为指示剂，用碱滴定酸记录表

项　目	滴定次数		
	1	2	3
放出 $V_{(HCl)}$/mL			
始读数 $V_{(NaOH)}$/mL			
终读数 $V_{(NaOH)}$/mL			
$V_{(NaOH)}$/mL（平均值）			

② 读取滴定管中的液面体积， 准至 0.01mL， 记录 NaOH 溶液用量。

任务二　称量法校准 50mL 酸式滴定管

【任务描述】

化验中心新购买了一批 50mL 的天波牌酸式滴定管， 用于进行原材料的成分分析， 请你对新购买的这批酸式滴定管进行校准。

一、 请列出校准所用的仪器、 试剂。

二、 校准酸式滴定管的步骤。

三、 请你判断这批滴定管的级别。

四、 总结你在校准过程中的成功、 不足之处。

【考核评价表一】

移液管操作考核评价表

班级：　　　　姓名：　　　　学号：　　　　开始时间：　　　　结束时间：

	考核内容	考核指标		配分	考核标准及依据	考评记录			
						个人自评（　）	小组互评（　）	教师评价（　）	备注
移液管操作考核	过程考核	时间观念		5	是否准时上课、按时上交作业				
		语言表达能力		5	普通话是否标准、流畅				
		获取信息的能力		5	是否能自主查阅资料、收集信息				
		知识运用能力		5	是否能运用所学知识解答问题、解释现象				
		观察能力		5	演示实验时是否能仔细观察并做好相关记录				
		判断性解决问题的能力		5	是否能判断性地解决学习上遇到的问题				
		分析问题的能力		5	学习过程中是否能对问题进行分析、判断				
		归纳总结的能力		5	学习过程中是否能对知识进行归纳总结				
	技能考核	准备工作	根据实验需要选择合适仪器	4	是否正确选用符合规格移液管				
			检查仪器完好情况	4	是否会检查破损情况				
			仪器洗涤	5	洗涤是否符合要求				
		操作过程	润洗	6	是否用待装溶液润洗 3 次				
			吸液正确	5	能否正确吸取溶液				
			管尖的擦拭	5	是否能用吸水纸擦拭管尖				
			调刻度	6	是否能正确调节液面				
			放液姿势	5	放出溶液姿势是否正确				
			停留时间	5	是否停留 10～15s				
		文明操作	实验台整理与清洁	5	实验结束后，是否收拾台面、试剂、仪器等				
			废物处理能力	5	废物是否按指定的方法处理				小计
			时间分配能力	5	是否在规定时间内完成全部工作				总计

【考核评价表二】

容量瓶操作考核评价表

班级：　　　　姓名：　　　　学号：　　　　开始时间：　　　　结束时间：

考核内容			考核指标	配分	考核标准及依据	考评记录：个人自评（　）	考评记录：小组互评（　）	考评记录：教师评价（　）	备注
容量瓶操作考核	过程考核		时间观念	5	是否准时上课、按时上交作业				
			语言表达能力	5	普通话是否标准、流畅				
			获取信息的能力	5	是否能自主查阅资料、收集信息				
			知识运用能力	5	是否能运用所学知识解答问题、解释现象				
			观察能力	5	演示实验时是否能仔细观察并做好相关记录				
			判断性解决问题的能力	5	是否能判断性地解决学习上遇到的问题				
			分析问题的能力	5	学习过程中是否能对问题进行分析、判断				
			归纳总结的能力	5	学习过程中是否能对知识进行归纳总结				
	技能考核	准备工作	根据实验需要选择合适仪器	4	是否正确选用符合规格容量瓶				
			检查仪器完好情况	4	是否会检查				
			根据仪器需要进行维护	5	是否会试漏				
			仪器洗涤	5	洗涤是否符合要求				
		操作过程	样品充分溶解	5	样品溶解是否正确				
			转移溶液正确	6	能否正确转移溶液，溶液不能有损失				
			平摇（2/3 处）	5	是否在 2/3 处平摇				
			定容	6	定容是否正确				
			摇匀	5	摇匀操作是否正确				
		文明操作	实验台整理与清洁	5	实验结束后，是否收拾台面、试剂、仪器等				
			废物处理能力	5	废物是否按指定的方法处理				小计
			时间分配能力	5	是否在规定时间内完成全部工作				总计

【考核评价表三】

滴定管操作考核评价表

班级： 姓名： 学号： 开始时间： 结束时间：

	考核内容	考核指标			配分	考核标准及依据		考评记录			
								个人自评（20%）	小组互评（20%）	教师评价（60%）	备注
滴定管操作考核	过程考核	时间观念			5	是否准时上课、按时上交作业					
		语言表达能力			5	普通话是否标准、流畅					
		获取信息的能力			5	是否能自主查阅资料、收集信息					
		知识运用能力			5	是否能运用所学知识解答问题、解释现象					
		观察能力			4	演示实验时是否能仔细观察并做好相关记录					
		判断性解决问题的能力			4	是否能判断性地解决学习上遇到的问题					
		分析问题的能力			4	学习过程中是否能对问题进行分析、判断					
		归纳总结的能力			4	学习过程中是否能对知识进行归纳总结					
	技能考核	准备工作	根据实验需要选择合适仪器		2	是否正确选用滴定管					
			检查仪器完好情况		4	是否能检查及试漏					
			根据仪器需要进行维护		4	涂油是否正确					
			仪器洗涤		4	洗涤是否符合要求					
		操作过程	润洗		4	是否用待装溶液润洗三次					
			装溶液		4	是否会装溶液					
			赶气泡		4	是否会赶气泡					
			调节液面		4	液面调节是否正确					
			滴定速度	间滴成线	4	滴定速度	间滴成线				
				逐滴加入	4		逐滴加入				
				半滴加入	4		半滴加入				
			滴定姿势		4	滴定姿势是否正确					
			右手摇瓶		2	是不是左手控制滴定管、右手摇瓶					
			读数姿势和读数正确		4	读数姿势和读数是否正确					
		文明操作	实验台整理与清洁		4	实验结束后，是否收拾台面、试剂、仪器等					
			废物处理能力		4	废物是否按指定的方法处理					小计
			时间分配能力		4	是否在规定时间内完成全部工作					总计

模块 7 试剂与溶液的使用

职业能力

1. 能够根据包装辨别化学药品的等级。
2. 会选择合适的容器储存药品。
3. 能看懂常用溶液浓度的表示方法。
4. 能够配制一般溶液。
5. 能认识基准物质。
6. 能够用直接配制法配制氯化钠（NaCl）标准溶液。
7. 会用间接配制法配制及标定氢氧化钠（NaOH）标准溶液。

通用能力

1. 能根据需要查阅资料。
2. 环境保护意识。
3. 语言表达能力。
4. 能进行合理的工作分工及有效合作。

素质目标

1. 一丝不苟的工作态度。
2. 工作的条理性、规范性和细致性。
3. 节约的精神。
4. 安全环保意识。
5. 良好的时间观念。

相关知识

一、化学药品

（一）化学药品的分类

化学药品按性质和用途可分为无机化学药品、有机化学药品、指示剂等。化学药品的类型见表 7-1。

表 7-1 化学药品的类型

化学药品类型	化学药品名称
无机化学药品	酸：盐酸、硝酸、硫酸等 碱：氢氧化钠、氢氧化钾、氨水等 盐：氯化钠、硫酸钾、硝酸铵等 氧化物：氧化钠、氧化钙等
有机化学药品	烃：环己烷、苯、甲苯等 卤代烃：三氯甲烷、四氯甲烷、氯苯等 醇：甲醇、乙醇、乙二醇、丙三醇等 酚：苯酚、对苯二酚等 醚：甲醚、乙醚、环氧乙烷等 醛：甲醛、乙醛、苯甲醛等 酮：丙酮、环已酮等 羧酸：甲酸、乙酸、苯甲酸等 胺：丁胺、己二胺等 酯：乙酸乙酯、乙酸戊酯等 硝基化合物：硝基苯等 碳水化合物：葡萄糖、蔗糖等
指示剂	酸碱指示剂：酚酞、甲基橙、甲基红、百里酚酞等 氧化还原指示剂：二苯胺磺酸钠、邻苯氨基苯甲酸等 配位滴定指示剂：铬黑 T、二甲酚橙、钙指示剂等 沉淀滴定指示剂：铬酸钾、铁铵钒、荧光黄等

化学药品根据其危险性分为危险品和非危险品。

危险化学药品也称化学危险品，简称危险品，是指具有燃烧、爆炸、腐蚀毒害、放射性等性质，对人体或财物能造成伤亡或毁损的物质。详见表 7-2。

表 7-2 常见化学危险品

危险品的类型		常见危险品	特　　性
易燃及爆炸类	易燃类	汽油、乙醚、石油醚、氯乙烷、二硫化碳、苯、甲苯、丙酮、乙醇、乙酸乙酯等	大都极易挥发成气体，遇明火即燃烧
	爆炸类	钾、钠、电石、赤磷、萘、硫化磷、硝化纤维、苦味酸、三硝基甲苯、偶氮或重氮化合物等	受到高温、摩擦、震动等作用或与其他物质接触后能在瞬间发生剧烈反应而产生大量热
剧毒类		氰化钾、氰化钠、三氧化二砷、氯化汞（升汞）、硫酸甲酯，某些生物碱及毒苷等	吸入人体或接触皮肤即能造成中毒甚至死
强氧化性类		硝酸钾、高氯酸、高氯酸钾、铬酸酐、高锰酸钾、氯酸钠、过硫酸铵、过氧化钠（钾）等	具有强氧化性，在遇酸、碱，受潮、强热、摩擦、冲击或与易燃物、有机物、还原剂等物质接触即能发生分解而引起燃烧或爆炸
强腐蚀性类		浓硫酸、发烟硫酸、硝酸、盐酸、氢氧化钠、氢氟酸、氢氧化钾、氯磺酸、冰醋酸、三氯化磷、无水氯化铝、苯酚等	具有强腐蚀性，对人体皮肤、黏膜、眼、呼吸器官等有极强的腐蚀性
放射性类		铀-238、钴-60、硝酸钍，含有放射性同位素的酸、碱、盐类等	有放射性，能放射出穿透力强、人体不能觉察到的射线，人体或其他生物体受到过量照射能引起放射病

危险品按特性又分为易燃及爆炸类、剧毒类、强氧化性类、强腐蚀性类、放射性类等。

(二) 化学试剂的等级规格

我国的化学试剂的等级规格见表 7-3。

表 7-3 化学试剂的等级规格

项目	级别				
	基准	一	二	三	四
中文标志	基准试剂	优级纯	分析纯	化学纯	实验试剂
代号		G. R.	A. R.	C. P.	L. R.
标签颜色	绿色	绿色	红色	蓝色	棕色
纯度标准	纯度极高	纯度高	纯度较高	较差	杂质较多
适用范围	标定或直接配制标准溶液	精密分析及科研	一般分析	一般实验	实验辅助试剂

目前，我国化学试剂标准有：①国家标准代号“GB”或“GB/T”（推荐性标准）；②化工行业标准，代号“HG”；③企业标准，标以各试剂厂的企业标准代号，也有一些企业的。

化学试剂标有地方标准的代号，如沪 Q××××—××等。

关于化学试剂的标准有国家标准的只能用国家标准，无国家标准的才允许用行业标准或企业标准。

（三）化学试剂的保管与储存

1. 化学药品的包装

（1）化学药品包装的一般要求　盛装固态、液态化学试剂的容器一般有玻璃、塑料和金属等 3 类。对盛装容器的基本要求是容器不能与被盛装的试剂发生化学反应。

对化学药品的包装一般要求如下。

① 固体药品（试剂）一般应装在易于拿取的广口瓶中。

② 液体试剂则应盛在容易倒取的小口试剂瓶或滴瓶内。

③ 见光易分解的试剂应放在棕色瓶中，有的试剂如碘、碘化钾、硝酸银等应用红纸或黑纸将瓶子包好。

④ 对玻璃有腐蚀的试剂，如碱液、氢氟酸等应盛于塑料瓶中，盛碱液的试剂瓶要用橡胶塞。

⑤ 易潮解、挥发、升华的试剂要注意密封。

⑥ 试剂瓶上均应贴上标签，标明试剂的名称、纯度、生产日期，并在标签外面涂上一层薄蜡。

（2）包装单位　化学药品（试剂）的包装单位是指包装容器内盛装化学药品（试剂）的质量（固体）或体积（液体）。它是根据化学药品（试剂）的性质、用途、使用要求及经济价值来划分的。包装单位的大小是根据实际工作中需要量的大小来确定的，如一般无机盐多以 500g 包装，而一些贵重药品、指示剂、稀有金属等多采用小包装，如 5g，10g，25g 等。

（3）包装规格　国产化学试剂的包装规格一般规定为 5 类。

第一类：贵重试剂。包装单位为 0.1g，0.25g，0.5g，1g 及 0.5mL，1mL 数种。

第二类：较贵重试剂。包装单位为 5 g，10g，25g（或 mL）等 3 种。

第三类：基准试剂等用途较窄的试剂。包装单位为 50g，100g（或 mL）2 种。

第四类：用途较广的试剂。包装单位为 250g，500g（或 mL）2 种。

第五类：酸类及纯度较差的实验试剂。包装单位为 1kg，2.5kg，5kg（或 L）。

随着我国试剂工业的发展和国产试剂的外销，包装规格势必有所扩大。合适的标签与正确地选用试剂容器的材料一样，在防止分析事故中具有重要作用。在试剂容器的标签上，至少应提供如下信息。

① 试剂的名称及化学组成。

② 用简单的文字或图案指明本品的危险性（如危险、警告或注意等字样）。

③ 指出最危险的化学性质。

④ 列出避免本品伤害事故的方法。

⑤ 说明发生事故时的紧急处理方法。

常见危险化学品标志见本章后的附录 1。

2. 化学药品的储存

大量化学药品应储存在专用仓库或药品储藏室内，由专人保管；危险品和贵重物品应按国家公安部门的规定管理。药品储藏室要阴凉通风、干燥，避免阳光直射和室温过高或过低，严禁明火。

（1）常用化学试剂的储存　常用化学试剂的储存一般按照无机物、有机物、指示剂等分类后，整齐地排列在有玻璃门的台橱内；所有试剂瓶上的标签要保持完好；过期失效的试剂要及时妥善处理；无标签的试剂不准使用。

有些药品要低温存放，如过氧化氢、液氨（存放温度要求在 10℃以下）等，以免变质或发生其他事故。

对装在滴瓶里成套的试剂可制作阶梯试剂架或专用橱，以便于取用。

对于一些小包装的贵重药品、稀有贵重金属等的储存，一般与其他试剂分开由专人保管。

（2）化学危险品的储存　化学危险品按其性质及储存要求分为易燃易爆品、剧毒品、强氧化性物品、强腐蚀性物品、放射性物品等，其储存方法如下。

① 易燃易爆品的储存。对于易燃、易爆的试剂应分开储存，存放处要阴凉、通风，储存温度不能高于 30℃，最好用防爆料架（由砖和水泥制成）存放，并且要和其他可燃物和易发生火花的器物隔离放置。

② 剧毒品的储存。剧毒品（如 KCN，As_2O_3 等）的储存要由专人负责，存放处要求阴凉、干燥，与酸类隔离放置，并应专柜加锁，且应建立并发放使用记录。

③ 强氧化性物品的储存。强氧化性物品的存放处要阴凉、通风，要与酸类、木屑、炭粉、糖类等易燃、可燃物或易被氧化的物质隔离。

④ 强腐蚀性物品的储存。强腐蚀性物品的存放处要阴凉、通风，并与其他药品隔离放置，应选用抗腐蚀性的材料（如耐酸陶瓷）制成的架子放置此类药品，料架不宜过高，以保证存取安全。

⑤ 放射性物品的储存。放射性物品由内容器（磨口玻璃瓶）和对内容器起保护作用的外容器包装。存放处要远离易燃、易爆等危险品，存放要具备防护设备、操作器、操作服（如铅围裙）等以保证人体安全。

（四）化学试剂的取用

1. 试剂的取用原则

① 取用试剂前应先看清标签。

② 取用时先打开瓶塞，将瓶塞倒放在实验台上。如果瓶塞上端不是平顶而是扁平的，可用食指和中指将瓶塞夹住（或放在清洁的表面皿上），绝不能横置在桌上，以免玷污。

③ 不能用手接触化学试剂。

④ 应根据用量取用化学试剂，这样既能节约药品，又能取得好的分析结果。

⑤ 试剂取完后，一定要把瓶塞及时盖严，绝不允许将瓶塞搞混。

⑥ 取完试剂后应把试剂瓶放回原处。

2. 固体试剂的取用

① 取用固体试剂一般使用清洁、干净的药匙或镊子，切忌用手直接触拿药品。应专匙专用。用过的药匙或镊子必须洗净擦干后才能再用。由试剂瓶中取固体试剂见图 7-1。

② 取用时不要超过指定用量，多取的药品要放入指定容器内（可供他人使用），而不能倒回原瓶中。

③ 要求取用一定质量的固体试剂时，可把固体放在干燥的纸上称量，具有腐蚀性或易潮解的固体应放在表面皿上或玻璃容器内称量。

④ 往试管中加入粉末状固体试剂时，可用药匙直接加入，见图 7-2。或将取出的药品放在对折的纸（纸槽）上，伸进试管约 2/3 处，然后将试管竖立，见图 7-3。

加入块状固体时，应将试管倾斜，使其沿管壁慢慢滑下，以免碰破管底，见图 7-4。

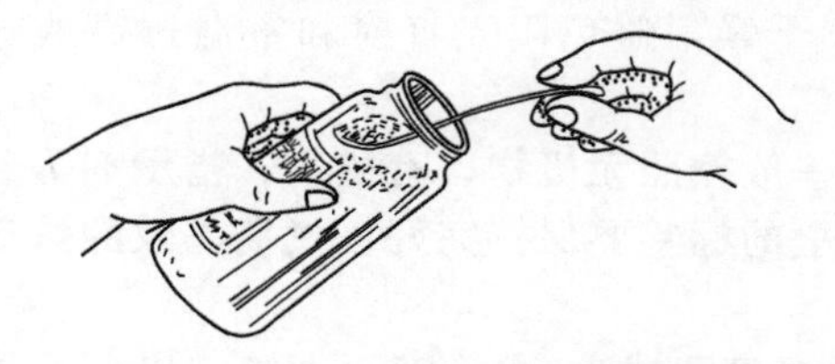

图 7-1 由试剂瓶中取固体试剂

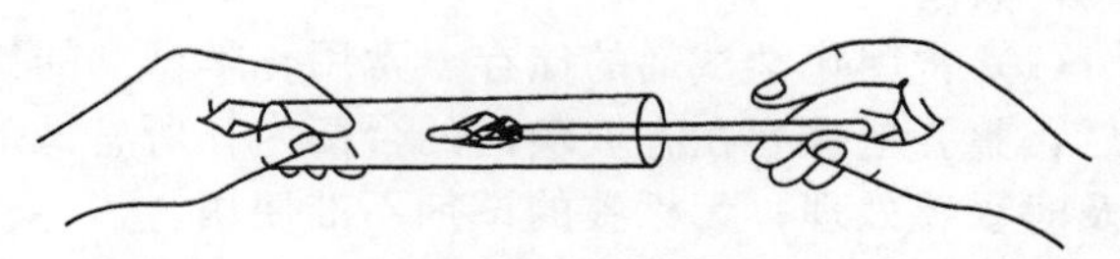

图 7-2 往试管中加入固体试剂（粉末）

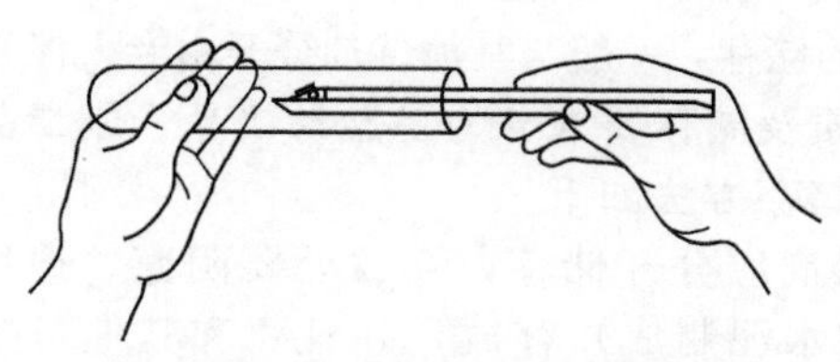

图 7-3 用纸槽往试管中加入粉末状固体试剂

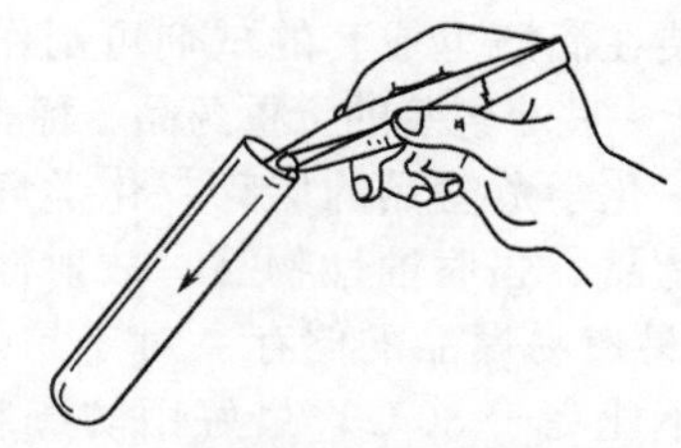

图 7-4 块状固体沿管壁慢慢滑下

⑤ 固体的颗粒较大时，可在清洁而干燥的研钵中研碎，研钵中所盛固体的量不能超过研钵容积的 1/3。

⑥ 有毒药品的取用要在教师的指导下进行。

3. 液体试剂的取用

取用液体试剂一般用滴管、量筒、量杯、移液管等，其中移液管主要用于液体试剂的定取用量取用。

（1）从滴瓶中取用液体试剂

① 试剂瓶应按次序排列，取用试剂时不得将瓶自架上取下，以免搞乱顺序、寻找困难。

② 用滴瓶中的滴管滴加液体试剂时，滴管的尖端应略高于所用容器（如试管、烧杯等），一般距容器口约 2～3mm，不得触及所用容器内壁，以免玷污试剂，见图 7-5。

③ 试剂瓶上的滴管除取用时拿在手中外，不得放在原瓶以外的任何地方，更不能将装有试剂的滴管横置或滴管口向上斜放，以免液体流入滴管的胶皮头。

④ 取用试剂后应及时将滴管放回原瓶中，并注意试剂瓶的标签与所取试剂是否一致，以免把滴管放混、玷污试剂。

（2）从细口瓶中取用液体试剂　从细口瓶中取用液体试剂时，用倾注法。

① 先将瓶塞取下（有挥发性气体的液体，取瓶塞时不能直接用手，一般应戴防护手套或在通风橱中进行），反放在桌面上。

② 若用量筒取液体试剂时，应用左手持量筒，并以大拇指示所需体积的刻度处右手持试剂瓶，注意将试剂瓶的标签握在手心中，逐渐倾斜试剂瓶，缓缓倒出所需量试剂，再将瓶口的一滴试剂碰到量筒内，以免液滴沿着试剂瓶外壁流下，见图 7-6。

若用烧杯取液体试剂，应用左手持玻璃棒，右手握住试剂瓶上贴标签的一面，逐渐倾斜瓶子，让试剂沿着洁净的玻璃注入杯中，注入所需量后，瓶子边直立，瓶口边沿玻璃棒上移以免遗留在瓶口的液滴流到瓶的外壁，见图 7-7。

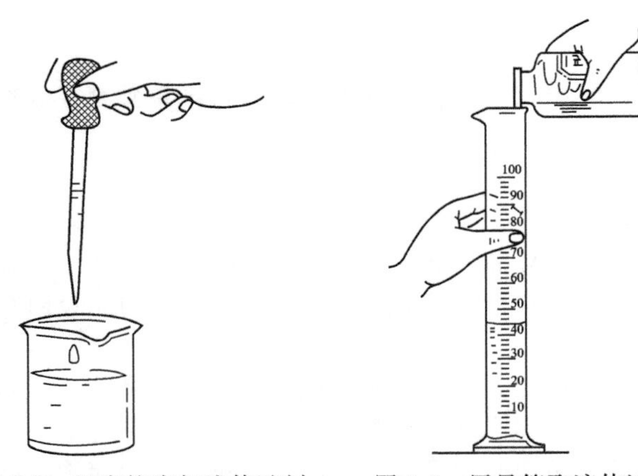

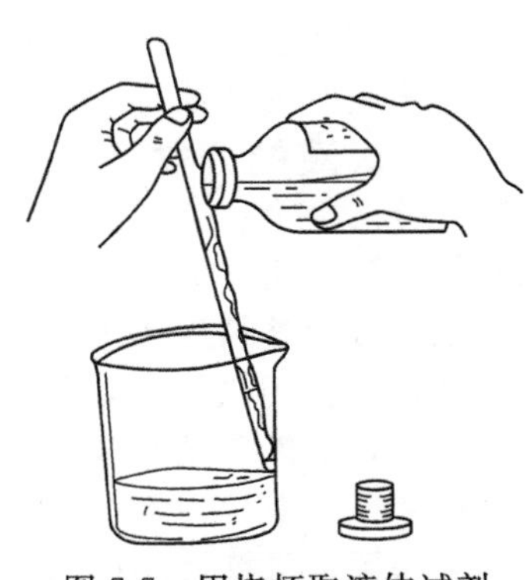

图 7-5　用滴管滴加液体试剂　　图 7-6　用量筒取液体试剂　　图 7-7　用烧杯取液体试剂

③ 取完液体后盖紧瓶塞，放回原处（瓶的标签向外）。

(3) 定量取用液体试剂

① 用量筒移取。量筒用于量度一定体积的液体试剂，根据需要选用不同容量的量筒。量取液体试剂时，使视线与量筒内试剂的弯月面（凹面）的最低处保持水平，偏高或偏低都会造成误差。用量筒量取液体试剂见图 7-6；之后用烧杯取液体试剂，见图 7-7。量筒中液体试剂的体积见图 7-8。

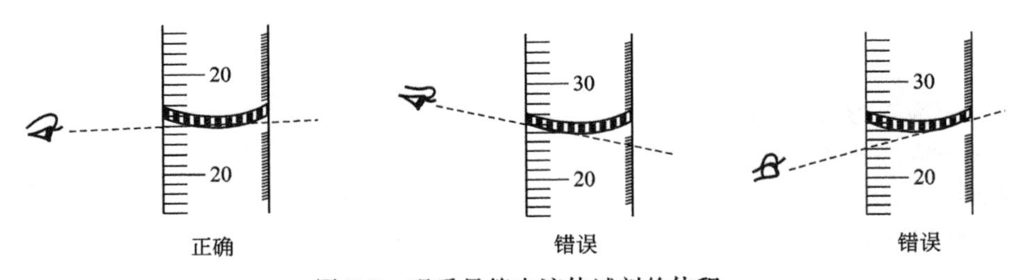

图 7-8　观看量筒中液体试剂的体积

② 用移液管移取。具体步骤如下。

a. 用右手的拇指、食指和中指持洗净的移液管，将移液管盛器，被移取液体试剂的容器中，使管下端伸入试剂的下部 。

b. 左手捏住一个排出了空气的洗耳球，使洗耳球尖嘴对准移液管管口。

c. 吸液时左手放松，液体试剂就沿着移液管上升，当液面稍超过刻度时，右手食指立即按住移液管上部管口，并将移液管提出盛液体试剂的容器。

d. 用滤纸擦去移液管下部外面沾上的液体试剂，稍松食指用拇指和中指缓慢转动管身，使液体试剂逐滴流出；同时使视线与移液管刻度线在同一水平位置。

e. 当液面和刻度线相切时，立即按紧食指，同时将移液管插入盛受器（锥形瓶）中，垂直的移液管下端和稍倾斜的锥形瓶上部内壁接触，此时松开食指，液体试剂迅速流出。用移液管移取、放出液体试剂的操作详见“移液管的操作”。

二、溶液的分类与浓度表示方法

(一) 溶液的定义

一种以分子、原子或离子分散于另一种物质的均匀而又稳定的体系称为溶液。溶液由溶质和溶剂组成。

用来溶解别的物质的物质称为溶剂；

能被溶剂溶解的物质称为溶质。

溶液中的溶质和溶剂的规定没有绝对的界限，只有相对的意义。通常把单独存在和组成溶液状态相同时的物质称为溶剂。

（二）溶液的分类

溶液分两大类：一般溶液和标准滴定溶液。

一般溶液是指非标准溶液，它常用作为溶解样品、调节 pH 值，分离或掩蔽离子、显色等。配制一般溶液精度要求不高，溶液浓度只需保留 1～2 位有效数字，试剂的质量由托盘天平称量，体积用量筒量取即可。

标准滴定溶液是已知其准确浓度的，用于滴定分析的溶液。这些溶液的浓度均应表示为物质的量浓度（单位为 mol/m^3 或 mol/L）。在常量分析中一般要求有 4 位有效数字。

标准滴定溶液浓度的准确度直接影响分析结果的准确度。因此，制备标准滴定溶液在方法、使用仪器、量具和试剂方面都有严格的要求。

标准溶液配制方法有直接法和间接法（标定法）。

（三）溶液浓度的表示方法

1. 物质的量浓度（C_B）

物质的量浓度是指单位体积溶液中含溶质 B 的物质的量，或 1L 溶液中所含溶质 B 的物质的量（mol）。

$$C_B=\frac{n_B}{V}$$

式中 C_B——物质的量浓度，mol/L；

n_B——物质 B 的物质的量，mol；

V——溶液的体积，L。

【例 7-1】① $C_{H_2SO_4}=1mol/L$ H_2SO_4 溶液表示 1L 溶液中含 H_2SO_4 98.08g。

② 配制 0.1 mol/L 的氯化钠溶液 250mL，如何配制？

计算：所需氯化钠质量 $m=\frac{CVM}{1000}=\frac{0.1\times250\times58.44}{1000}=1.4610g$

配制：称取 1.4610g 氯化钠固体溶解至 250mL 纯水中。

2. 质量浓度（ρ_B）

物质 B 的质量浓度是 1L 溶液中所含物质 B 的质量（g）。

$$\rho_B=\frac{m_B}{V}$$

式中 ρ_B ——物质 B 的质量浓度，g/L；

m_B ——溶质的质量，g；

V ——溶液的体积，L。

在使用质量浓度时，要注意与溶液密度的区别：$\rho_B=\rho\times\omega_B$

这种浓度的溶液配制很方便，在实际工作中广泛应用于溶质为固体的普通溶液的配制。

【例 7-2】① 甲基橙指示液，我国国家标准 GB 603—1988 中配制的方法是：0.10 g 甲基橙溶于 20℃水中，冷却，稀释至 100 mL，其浓度为 1 g/L，这里是指 1L 甲基橙溶液中含 1 g 甲基橙。

② 配制 20g/L KOH（氢氧化钾）500mL，如何配制？

计算：所需 KOH 的质量 $m_B=\rho_BV=20\times0.5=10g$

配制：称取 10g KOH 溶解至 500mL 纯水中。

3. 质量分数（ω_B）

物质 B 的质量分数是溶液中溶质 B 的质量除以溶液的质量（g）。质量分数是相同的物理量之比，量纲为 1，一般不出现。

$$\omega_B = \frac{m_B}{m} \times 100\%$$

式中　ω_B ——质量分数；

m_B ——物质 B 的质量，g；

m ——溶液的质量，g。

【例 7-3】 98%H_2SO_4指的是 100 g H_2SO_4溶液中含有 98 gH_2SO_4，2 g 水。

4. 体积分数（Φ_B）

物质 B 的体积分数是溶液中溶质 B 的体积除以溶液的体积（L）。

$$\Phi_B = \frac{V_B}{V}$$

式中　Φ_B ——体积分数；

V_B ——物质 B 的质量，L；

V ——溶液的质量，L。

原装液体试剂稀释时多采用这种浓度表示，如 $\Phi_{乙醇}=70\%$，可量取无水乙醇 70mL 加水稀释到 100mL。"乙醇 95%（V/V）"或"乙醇 95%"均应理解为"95%（V/V）"。

【例 7-4】 盐酸溶液 $\Phi_B=5\%$。

配制：5mL 市售盐酸稀释至 100mL。

5. 比例浓度（V_1+V_2；$A+B$）

比例浓度（V_1+V_2；$A+B$）是指以溶质（液体）的体积加水溶剂的体积所表示的浓度，常用于由浓溶液配制成稀溶液。例如：HCl 溶液（1+5），表示 1 体积市售浓盐酸与 5 体积蒸馏水配制而成，常用来表示普通溶液的浓度。

比例浓度还包括质量比浓度，是指两种固体试剂互相混合的表示方法。例如，钙指示剂-氯化钠（1+100）混合指示剂，表示一个单位质量的钙指示剂与 100 个单位质量的氯化钠相互混合，是一种固体稀释方法。其优点是简单、方便。

【例 7-5】 配制 H_2SO_4（1+4）溶液 100mL，如何配制？

$$计算：所需市售硫酸的体积\ V_{H_2SO_4} = \frac{V_1}{V_1+V_2} \times V\ \frac{1}{1+4} \times 100 = 20\text{mL}$$

$$水的体积：V_{水} = 100 - 20 = 80\text{mL}$$

配制：量取 20mL 硫酸缓慢的加入到 80mL 的水中。

当溶剂是水时，在溶液名称中都不必指明溶剂是水。

按 ISO/DIS 78/2—19991 之规定，硫酸（1+4）不称硫酸溶液（1+4），更不能称硫酸水溶液（1+4），而应称为（1+4）硫酸溶液。无机酸、氨水、过氧化氢及有机溶剂等常用体积比表示其浓度。

6. 滴定度（$T_{B/A}$）

滴定度 $T_{B/A}$ 是指单位体积的标准溶液 A，相当于被测物质 B 的质量，常以符号 $T_{B/A}$ 表示。$T_{B/A}$ 常用单位为 g/mL，mg/mL。表示每毫升溶液相当于被测物质的克数或毫克数。

如用 $AgNO_3$测定 NaCl 时，$T_{NaCl/AgNO_3}=1.84$mg/mL，表示 1mL 溶液相当于 1.84mg 的氯化钠，用 $T_{NaCl/AgNO_3}=1.84$mg/mL 表示，这样知道了滴定度乘以滴定中耗去的标准溶液的体积数，即可求出被测组分的含量，计算起来相当方便。工厂常用滴定度来计算待测物的浓度。

【例 7-6】$T_{Fe/K_2Cr_2O_7}=1.02\%$。表示当滴定消耗 1mL 溶液时相当于试样中含 Fe1.02%。

三、一般溶液、标准溶液的配制

（一）一般溶液的配制方法

一般溶液是指非标准滴定溶液，它在分析工作中常作为溶解样品、调节 pH 值、分离或掩蔽离子、显色等使用。配制方法如下。

1. 直接水溶液法

该法适用易溶于水且不易水解的固体试剂。

配制流程：①计算所需溶质的用量；$m_B=C_BVM$，$m_B=\rho_BV$；

② 用托盘天平称量；

③ 加少量水在烧杯中溶解；

④ 加水稀释至所需体积。

2. 介质水溶液法

该法适用易水解的固体试剂，如 $FeCl_3$。

配制流程：①计算所需溶质的用量；

② 用托盘天平称量；

③用酸或碱溶解；

④ 加水稀释至所需体积。

3. 稀释法

该法适用液体试剂。

配制流程：① 计算所需溶质的用量，通常用 $C_1V_1=C_2V_2$，$\rho_1V_1=\rho_2V_2$；

② 用量筒量取所需体积；

③ 加水稀释至所需体积。

（二）标准滴定溶液的配制

1. 制备标准滴定溶液的基本要求

① 制备标准滴定溶液用水，在未注明其他要求时，应符合《分析实验室用水规格和试验方法》(GB/T6682—1992) 中三级水的规格。

② 所用试剂的纯度应在分析纯以上。标定标准滴定溶液所用的基准试剂应为容量分析工作基准试剂。

③ 所用分析天平的砝码、滴定管、容量瓶及移液管均需进行校正。

④ 制备标准滴定溶液的浓度系指 20 ℃ 时的浓度，在标定和使用时，如温度有差异，应按温度补正值进行补正。

⑤ 称量工作基准试剂的质量的数值小于等于 0.5g 时，按精确至 0.01 mg 称量；数值大于 0.5g 时，按精确至 0.1mg 称量。

⑥ 标定标准溶液的浓度时，平行试验不得少于 3 次。平行测定结果的极差（即最大值和最小值之差）与浓度平均值之比不得大于 0.15%。运算过程中保留五位有效数字，浓度值报出结果取四位有效数字。

⑦ 配制浓度等于或低于 0. 02mol/L 的标准滴定溶液时，应于临用前将浓度高的标准滴定溶液用煮沸并冷却的水稀释。必要时重新标定。

⑧ 滴定分析用标准滴定溶液在常温（15～25℃ ）下，保存时间一般不得超过 2 个月。当溶液出现浑浊、沉淀、颜色变化等现象时，应重新制备。

2. 直接配制法

直接配制法：准确称取一定量的已干燥的基准物质，溶解后定量转移入容量瓶中，加蒸馏水准确稀释至刻度，充分摇匀。根据所称取基准物质的质量以及容量瓶的容积即可直接计算出该标准滴定溶液的准确浓度。

能用于直接配制标准溶液的物质，称为基准物质或基准试剂，它也是用来确定某一溶液准确浓度的标准物质。常见基准物质见本章后的附录2。作为基准物质必须符合下列要求。

① 试剂必须具有足够高的纯度，一般要求其纯度在99.9%以上，所含的杂质应不影响滴定反应的准确度。

② 物质的实际组成与其化学式完全相符，若含有结晶水（如硼砂 $Na_2B_4O_7 \cdot 10H_2O$），其结晶水的数目也应与化学式完全相符。

③ 试剂应该稳定。例如，不易吸收空气中的水分和二氧化碳，不易被空气氧化，加热干燥时不易分解等。

④ 试剂最好有较大的摩尔质量，这样可以减少称量误差。常用的基准物质有纯金属和某些纯化合物，如Cu，Zn，Al，Fe和 $K_2Cr_2O_7$，Na_2CO_3，MgO，$KBrO_3$等，它们的含量一般在99.9%以上，甚至可达99.99%。

基准物质与高纯度试剂不是同一个概念，两者不尽相同。因为高纯度试剂的组成与化学式不一定完全相符，这主要是指结晶水，因此不要随意用来作为基准物质。基准物质通常都含有不同量的水，使用前需作适当的干燥处理。

溶液配制一般步骤如下。

① 计算：计算配制所需固体溶质的质量或液体浓溶液的体积。

② 称量：用电光分析天平（电子天平）称量固体质量或用移液管，量取液体体积。

③ 溶解：在烧杯中溶解或稀释溶质，冷却至室温（如不能完全溶解可适当加热）。

④ 转移：将烧杯内冷却后的溶液沿玻璃棒小心转入一定体积的容量瓶中（玻璃棒下端应靠在容量瓶刻度线以下）。

⑤ 洗涤：用蒸馏水洗涤烧杯和玻璃棒2～3次，并将洗涤液转入容器中，振荡，使溶液混合均匀。

⑥ 定容：向容量瓶中加水至刻度线以下1～2cm处时，改用胶头滴管加水，使溶液凹面恰好与刻度线相切。

⑦ 摇匀：盖好瓶塞，用食指顶住瓶塞，另一只手的手指托住瓶底，反复上下颠倒，使溶液混合均匀。

最后将配制好的溶液倒入试剂瓶中，贴好标签。

3. 间接配制法（标定法）

需要用来配制标准溶液的许多试剂不能完全符合上述基准物质必备的条件。例如：NaOH极易吸收空气中的二氧化碳和水分，纯度不高；市售盐酸中HCl的准确含量难以确定，且易挥发；$KMnO_4$和 $Na_2S_2O_3$等均不易提纯，且见光分解，在空气中不稳定等。因此这类试剂不能用直接法配制标准溶液，只能用间接法配制。

一般是先配制成接近于所需浓度的溶液，然后用基准物质（或另一种已知浓度的标准溶液）来测定其准确浓度。这种利用基准物质（或已知准确浓度的溶液）来确定标准滴定溶液准确浓度的操作过程称为标定。

例如：欲配制0.1 mol/LHCl标准溶液，先用一定量的浓HCl加水稀释，配制成浓度约为0.1 mol/L的稀溶液，然后用该溶液滴定经准确称量的无水 Na_2CO_3基准物质，直至两者定量反应完全，再根据滴定中消耗HCl溶液的体积和无水 Na_2CO_3的质量，计算出HCl溶液的准确浓度。

大多数标准溶液的准确浓度是通过标定的方法确定的。在常量组分的测定中，标准溶液的浓度大致范围为0.01～1 mol/L，通常根据待测组分含量的高低来选择标准溶液浓度的大小。

标准滴定溶液要定期标定，它的有效期要根据溶液的性质、存放条件和使用情况来确定。标准滴定溶液的有效日期见表7-4。

表7-4 标准滴定溶液的有效日期

溶液名称	浓度 C_B/（mol/L）	有效期/月
各种酸溶液	各种浓度	3
氢氧化钠溶液	各种浓度	2
氢氧化钾-乙醇溶液	0.1；0.5	1
硫代硫酸钠溶液	0.05；0.1	2
高锰酸钾溶液	0.05；0.1	3
碘溶液	0.02；0.1	1
重铬酸钾溶液	0.1	3
溴酸钾-溴化钾溶液	0.1	3
氢氧化钡溶液	0.05	1
硫酸亚铁溶液	1；0.64	20
硫酸亚铁溶液	0.1	用前标定
亚硝酸钠溶液	0.1；0.25	2
硝酸银溶液	0.1	3
硫氰酸钾溶液	0.1	3
亚铁氰化钾溶液	各种浓度	1
EDTA溶液	各种浓度	3
锌盐溶液	0.025	2
硝酸铅溶液	0.025	2

4. 配制溶液的注意事项

① 分析实验所用的溶液应用纯水配制，容器应用纯水洗涤三次以上，特殊要求的溶液应事先进行纯水的空白值检验。

② 每瓶试剂溶液必须有标明名称、规格、浓度和配制日期的标签。

③ 溶液要用带塞的试剂瓶盛装；见光易分解的溶液要装于棕色瓶中；挥发性试剂（如有机溶剂）配制的溶液，瓶塞要严密；见空气易变质及放出腐蚀性气体的溶液也要盖紧，长期存放要用蜡封住；浓碱液应用塑料瓶装，如装在玻璃瓶中，要用橡胶塞塞紧，不能用玻璃磨口塞。

④ 配制硫酸、磷酸、硝酸、盐酸等溶液时，都应把酸倒入水中。对于溶解时放热较多的试剂，不可在试剂瓶中配制，以免炸裂。配制硫酸溶液时，应将浓硫酸分为小份慢慢倒入水中，边加边搅拌，必要时以冷水冷却烧杯外壁（注意：强酸是有腐蚀性的）。

⑤ 用有机溶剂配制溶液（如配制指示剂溶液）时，有时有机物溶解较慢，应不时搅拌，可以在热水浴中温热溶液，不可直接加热。易燃溶剂使用时要远离明火。几乎所有的有机溶剂都有毒，应在通风柜内操作。应避免有机溶剂不必要的蒸发，烧杯应加盖。

⑥ 要熟悉一些常用溶液的配制方法。如，碘溶液应将碘溶于较浓的碘化钾水溶液中，才可稀释；配制易水解的盐类的水溶液应先加酸溶解后，再以一定浓度的稀酸稀释；配制 $SnCl_2$ 溶液时，如果操作不当已发生水解，加相当多的酸仍很难溶解沉淀。

5. 标准溶液浓度的调整

在实际分析工作中，为了计算方便，使用某一指定浓度的标准溶液，如浓度为 0.3226mol/L 的 HCl 溶液，配制时浓度略高或低于此浓度时，可以加水或者加浓 HCl 溶液进行调整。

① 标定后浓度较指定浓度略高。

此时，可以加水来稀释，重新标定。加水量的计算式为：

$$C_1V_1 = C_2(V_1 + V_{水})$$
$$V_{水} = V_1(C_1 - C_2)/ C_2$$

式中 C_1——标定后的浓度，mol/L；

C_2——指定的浓度，mol/L；

V_1——标定后的体积，mL；

$V_{水}$——稀释至指定浓度需要加水的体积，mL。

② 标定后浓度较指定浓度略低。

此时可加入较浓溶液进行调整，并重新标定。加入较浓溶液的计算式为：

$$C_1V_1 + C_{浓}V_{浓} = C_2(V_1 + V_{浓})$$
$$V_{浓} = V_1(C_2 - C_1)/ (C_{浓} - C_2)$$

式中 C_1——标定后的浓度，mol/L；

C_2——指定的浓度，mol/L；

$C_{浓}$——需加浓溶液的浓度，mL；

V_1——标定后的体积，mL；

$V_{浓}$——需加浓溶液的体积，mL。

【例 7-7】 实验室中只有 0.5000mol/L 的盐酸标准滴定溶液，现实验中需用 100.00mL 0.1000mol/L 的盐酸标准滴定溶液，问如何配制？

【解】 由于稀释前后盐酸的物质的量不变，所以有：

$$C_{浓}\ V_{稀} = C_{稀}\ V_{稀}$$

$$V_{浓} = \frac{C_{稀}\ V_{稀}}{C_{稀}} = \frac{0.1000 \times 100.0 \times 10^{-3}}{0.5000}L = 0.02000L = 20.00mL$$

欲得到 100.00mL 0.1000mol/L 的盐酸标准滴定溶液，只需利用移液管准确移取 20.00mL 0.5000 mol/L 的盐酸标准滴定溶液，定量转移到 100mL 容量瓶中，以蒸馏水准确稀释到刻度，摇匀后即可得到 100.00mL 0.1000 mol/L 的盐酸标准滴定溶液。

6. 溶液的保存

① 溶液要用带塞的试剂瓶盛装，根据它们的性质妥善保存，如见光易分解的溶液要装于棕色瓶中，并放置在暗处。能吸收空气中二氧化碳并能腐蚀玻璃的强碱溶液要装在塑料瓶中。

② 每瓶试剂溶液都必须有标明名称、浓度、配制日期、有效期和配制人的标签。

③ 溶液保存于瓶中，由于蒸发，在瓶壁上常有水滴凝聚，使溶液浓度发生变化，因而每次使用前应该将溶液摇匀。

任务一 配制 0.1000mol/L 的氯化钠标准滴定溶液 250mL

【任务描述】

你在某化验中心担当化验人员，实验室使用的标准溶液由你负责配制。某天，你发现氯化钠标准溶液快用完了，所剩下的量已经不够下一个实验使用，请你马上配制 0.1000 mol/L 的氯化钠标准滴定溶液 250mL。

【引导性问题】

1. 什么是基准物质？ 氯化钠属于基准物质吗？

2. 标准滴定溶液有什么配制的方法？ 对于氯化钠标准滴定溶液， 你将采用何种方法？

3. 配制 250mL 氯化钠标准溶液需要哪些仪器、 试剂？

4. 配制前你需要对氯化钠进行哪些处理？

5. 配制的步骤有哪些？

6. 配制的过程中， 你如何确保配制溶液浓度的标准性？

7. 在完成氯化钠标准溶液的配制过程中， 你有哪些难点或是心得？

任务二 配制 0.1mol/L 的氢氧化钠标准溶液 300mL

【任务描述】

某水处理厂通常使用氢氧化钠来和水中的钙、 镁离子反应来减小水的硬度。 你作为水处理厂的检验人员， 请你配制 0.1mol/L 的氢氧化钠标准溶液 300mL。

【引导性问题】

1. 氢氧化钠属于基准物质吗？
2. 你将采用何种方法配制氢氧化钠标准滴定溶液？
3. 配制 300mL 氢氧化钠标准滴定溶液需要什么仪器、 试剂？
4. 你将利用到什么原理进行配制？
5. 配制的步骤有哪些？
6. 配制过程中你如何记录数据？
7. 你配制的 0.1mol/L 的氢氧化钠标准溶液的准确浓度是多少？

【工作计划】

请你制订工作计划。

序　　号	工作内容	工具/辅助用具	所需时间	注意事项

1. 原理

NaOH 有很强的吸水性和吸收空气中的 CO_2，因而，市售 NaOH 中常含有 Na_2CO_3。反应方程式：

$$2NaOH + CO_2 \longrightarrow Na_2CO_3 + H_2O$$

由于碳酸钠的存在，对指示剂的使用影响较大，应设法除去。

标定碱溶液的基准物质很多，常用的有草酸（$H_2C_2O_4 \cdot 2H_2O$）、苯甲酸（C_6H_5COOH）和邻苯二甲酸氢钾（$C_6H_4COOHCOOK$）等。最常用的是邻苯二甲酸氢钾，滴定反应如下：

$$C_6H_4COOHCOOK + NaOH \longrightarrow C_6H_4COONaCOOK + H_2O$$

计量点时由于弱酸盐的水解，溶液呈弱碱性，应采用酚酞作为指示剂。

2. 仪器和试剂

仪器：碱式滴定管（50mL）、容量瓶、锥形瓶、分析天平、台秤。

试剂：邻苯二甲酸氢钾（基准试剂）、氢氧化钠固体（A. R）、10g/L 酚酞指示剂（1g 酚酞溶于适量乙醇中，再稀释至 100mL）。

3. 操作步骤

(1) 0.1mol/L NaOH 标准溶液的配制　用小烧杯在台秤上称取 120g 固体 NaOH，加 100mL 水，振摇使之溶解成饱和溶液，冷却后注入聚乙烯塑料瓶中，密闭，放置数日，澄清后备用。准确吸取上述溶液的上层清液 5.6 至 1000mL 无 CO_2 的蒸馏水中，摇匀，贴上标签。

(2) 0.1mol/L NaOH 标准溶液的标定　将基准邻苯二甲酸氢钾加入干燥的称量瓶内，于 105～110℃烘至恒重，用减量法准确称取邻苯二甲酸氢钾约 0.6000g，置于 250 mL 锥形瓶中，加 50 mL 无 CO_2 蒸馏水，温热使之溶解，冷却，加酚酞指示剂 2～3 滴，用欲标定的 0.1mol/L NaOH 溶液滴定，直到溶液呈粉红色且半分钟不褪色。

4. 数据处理

NaOH 标准溶液浓度计算公式：

$$C(NaOH) = \frac{m \times 1000}{VM}$$

式中　m ——邻苯二甲酸氢钾的质量，g；

V ——氢氧化钠标准滴定溶液用量，mL；

M ——1 氢氧化钠的摩尔质量，g /mol。

数据记录参考表如下。

NaOH 标准滴定溶液的标定　　温度：℃

项目＼次数	1	2	3
倾样前称量瓶＋试样的质量 m_1/g			
倾样后称量瓶＋试样的质量 m_2/g			

续表

项目 \ 次数		1	2	3
试样的质量 m (m_1-m_2) /g				
样品试验	滴定消耗 NaOH 溶液体积始读数/mL			
	滴定消耗 NaOH 溶液体积终读数/mL			
	滴定管校正值/mL			
	温度补偿值/ (mL/L)			
	实际消耗 NaOH 溶液的体积/mL			
计算公式：C(NaOH)/(mol/L)		$C(\text{NaOH})=\frac{m\times 1000}{VM}$		
C(NaOH)/(mol/L)				
平均值 C(NaOH)/(mol/L)				

附录1 常见危险化学品标志

一、 标准信息

常用危险化学品标志由《常用危险化学品的分类及标志》（ GB 13690—1992 ）规定， 该标准对常用危险化学品按其主要危险特性进行了分类， 并规定了危险品的包装标志， 既适用于常用危险化学品的分类及包装标志， 也适用于其他化学品的分类和包装标志。

该标准引用了《危险货物包装标志》（ GB 190—1990 ）。

二、 标志规范

1. 标志的种类

根据常用危险化学品的危险特性和类别， 设主标志 16 种， 副标志 11 种。

2. 标志的图形

主标志由表示危险特性的图案、 文字说明、 底色和危险品类别号四个部分组成的菱形标志； 副标志图形中没有危险品类别号。

3. 标志的尺寸、 颜色及印刷

按《危险货物包装标志》（ GB190—1990 ） 的有关规定执行。

4. 标志的使用

（ 1 ）标志的使用原则　当一种危险化学品具有一种以上的危险性时， 应用主标志表示主要危险性类别， 并用副标志来表示重要的其他的危险性类别。

（ 2 ）标志的使用方法　按《危险货物包装标志》（ GB190—1990 ） 的有关规定执行。

三、 标志图案

主标志	
底色：橙红色	底色：正红色
图形：正在爆炸的炸弹（黑色）	图形：火焰（黑色或白色）
文字：黑色	文字：黑色或白

续表

主标志	

标志 1　爆炸品标志	标志 2　易燃气体标志
底色：绿色	底色：白色
图形：气瓶（黑色或白色）	图形：骷髅头和交叉骨形（黑色）
文字：黑色或白色	文字：黑色

标志 3　不燃气体标志	标志 4　有毒气体标志
底色：红色	底色：红白相间的垂直宽条（红 7、白 6）
图形：火焰（黑色或白色）	图形：火焰（黑色）
文字：黑色或白色	文字：黑色

 标志 5　易燃液体标志	标志 6　易燃固体标志

续表

主标志	
底色：上半部白色	底色：蓝色，下半部红色
图形：火焰（黑色或白色）	图形：火焰（黑色）
文字：黑色或白色	文字：黑色

标志 7　自燃物品标志	标志 8　遇湿易燃物品标志
底色：柠檬黄色	底色：柠檬黄色
图形：从圆圈中冒出的火焰（黑色）	图形：从圆圈中冒出的火焰（黑色）
文字：黑色	文字：黑色

标志 9　氧化剂标志	标志 10　有机过氧化物标志
底色：白色	底色：白色
图形：骷髅头和交叉骨形（黑色）	图形：骷髅头和交叉骨形（黑色）
文字：黑色	文字：黑色

续表

主标志	

标志 11　有毒品标志	标志 12　剧毒品标志
底色：白色	底色：上半部黄色
图形：上半部三叶形（黑色）下半部白色	图形：上半部三叶形（黑色）
下半部两条垂直的红色宽条	下半部一条垂直的红色宽条
文字：黑色	文字：黑色

标志 13　一级放射性物品标志	标志 14　二级放射性物品标志
底色：上半部黄色	底色：上半部白色
下半部白色	下半部黑色
图形：上半部三叶形（黑色）	图形：上半部两个试管中液体分别向
下半部三条垂直的红色宽条	金属板和手上滴落（黑色）
文字：黑色	文字：（下半部）白色

续表

主标志	
标志 15　三级放射性物品标志	标志 16　腐蚀品标志
副标志	
底色：橙红色	底色：红色
图形：正在爆炸的炸弹（黑色）	图形：火焰（黑色）
文字：黑色	文字：黑色或白色
标志 17　爆炸品标志	标志 18　易燃气体标志
底色：绿色	底色：白色
图形：气瓶（黑色或白色）	图形：骷髅头和交叉骨形（黑色）
文字：黑色	文字：黑色
标志 19　不燃气体标志	标志 20　有毒气体标志

续表

副标志	
底色：红色	底色：红白相间的垂直宽条（红 7、白 6）
图形：火焰（黑色）	图形：火焰（黑色）
文字：黑色	文字：黑色

标志 21　易燃液体标志	标志 22　易燃固体标志
底色：上半部白色，下半部红色	底色：蓝色
图形：火焰（黑色）	图形：火焰（黑色）
文字：黑色或白色	文字：黑色

标志 23　自燃物品标志	标志 24　遇湿易燃物品标志
底色：柠檬黄色	底色：白色
图形：从圆圈中冒出的火焰（黑色）	图形：骷髅头和交叉骨形（黑色）
文字：黑色	文字：黑色

标志 25　氧化剂标志	标志 26　有毒品标志

续表

副标志	
底色：上半部白色，下半部黑色	
图形：上半部两个试管中液体分别向金属板和手上滴落（黑色）	
文字：（下半部）白色	

标志27　腐蚀品标志	

附录2　常见基准物质

名　称	化学式	式　量	使用前的干燥条件
碳酸钠	Na_2CO_3	105.99	270～300℃干燥2～5h
邻苯二甲酸氢钾	$KHC_8H_4O_4$	204.22	110～120℃干燥2～5h
重铬酸钾	$K_2Cr_2O_7$	294.18	研细，100～110℃干燥3～4h
三氧化二砷	As_2O_3	197.84	105℃干燥3～4h
草酸钠	$Na_2C_2O_4$	134.00	130～140℃干燥1～1.5h
碘酸钾	KIO_3	214.00	120～140℃干燥1.5～2h
溴酸钾	$KBrO_3$	167.00	120～140℃干燥1.5～2h
铜	Cu	63.546	用质量分数为2%的乙酸、水、乙醇依次洗涤后，放入干燥器中保存24h以上
锌	Zn	65.38	用1∶3HCl，水、乙醇依次洗涤后，放入干燥器中保存24h以上
氧化锌	ZnO	81.39	800～900℃干燥2～3h
碳酸钙	$CaCO_3$	100.09	105～110℃干燥2～3h
氯化钠	NaCl	58.44	500～650℃干燥40～45min
氯化钾	KCl	74.55	500～650℃干燥40～45min
硝酸银	$AgNO_3$	169.87	在浓硫酸干燥器中干燥至恒重

模块 8 滴定分析法测定物质含量

职业能力

1. 能看懂滴定分析基本术语。
2. 会对滴定分析法进行分类。
3. 明确滴定分析法对滴定反应的要求。
4. 能够叙述滴定分析中常用的四种滴定方式的特点和适用范围。
5. 能解释酸碱指示剂的变色原因。
6. 能够正确配制常见的酸碱指示剂。

通用能力

1. 能根据需要查阅资料并进行自学。
2. 能有效运用所学知识。
3. 思考和判断性解决问题的能力。
4. 环境保护意识。
5. 能进行合理的工作分工及有效合作。

素质目标

1. 工作的条理性、规范性和细致性。
2. 团队的协助意识。
3. 一丝不苟的工作态度。

相关知识

一、滴定分析法

(一) 基本概念

滴定分析是用滴定管将已知准确浓度的溶液，滴加到被测物质的溶液中，直到被测组分恰好完全反应为止，由所用溶液的浓度和体积，根据化学反应方程式的关系，来计算被测物质含量的方法。由于这种测定方法是以测量溶液体积为基础，故称为容量分析。滴定分析的基本概念见表 8-1。

表 8-1 滴定分析的基本概念

概念	定义
滴定剂（标准滴定溶液）	在滴定分析过程中，已知准确浓度的试剂溶液
试液	被测物质溶液
化学计量点（计量点）	当加入的标准溶液的量和被测物的量相等时
指示剂	能在化学计量点附近变色来指示化学计量点的到来的物质
滴定终点	滴定时，指示剂改变颜色的那一点
终点误差（滴定误差）	滴定终点与化学计量点不一致造成的误差

（二）滴定分析方法

根据所利用的化学反应的不同，滴定分析一般可分为 4 大类，见表 8-2。

表 8-2 滴定分析法中的化学反应

分类	基础	应用范围
酸碱滴定法	酸碱中和反应	测定酸碱以及能与酸或碱进行定量反应的物质
氧化还原滴定法	氧化还原反应	测定具有氧化性或还原性的物质，以及能与氧化剂和还原剂间接反应的物质
配位滴定法	配位反应	测定金属离子
沉淀滴定法	沉淀反应	主要应用于 Ag^{+}，CN^{-}，CNS^{-} 以及卤素等物质的测定

（三）滴定方式

在进行滴定分析时，滴定的方式主要有如下四种，见表 8-3。

表 8-3 滴定的方式

分类	概念及适用范围	实例
直接滴定法	凡能满足滴定分析要求的反应都可用标准滴定溶液直接滴定被测物质	NaOH 标准溶液可直接滴定 HAc，HCl，H_2SO_4 等
返滴定法	又称剩余量回滴法；是指在待测试液中准确加入适当过量的标准溶液，待反应完全后，再用另一种标准溶液返滴定剩余的第一种标准溶液，从而测定待测组分的含量。 这种滴定方式主要用于滴定反应速率较慢或反应物是固体，加入符合计量关系的标准滴定溶液后反应常常不能立即完成的情况	Al^{3+} 与 EDTA（一种配位剂）溶液反应速率慢，不能直接滴定，可采用返滴定法。即在一定的 pH 值条件下，在待测的 Al^{3+} 离子试液中加入过量的 EDTA 溶液，加热促使反应完全，然后再用另外一种标准锌溶液滴定剩余的 EDTA 溶液，从而计算出试样中 Al^{3+} 的含量
置换滴定法	先加入适当的试剂与待测组分定量反应，生成另一种可滴定的物质，再利用标准溶液滴定反应产物，然后由滴定剂的消耗量、反应生成的物质与待测组分等物质的量关系计算出待测组分的含量。这种滴定方式主要用于因滴定反应没有定量关系或伴有副反应而无法直接滴定的测定	用 K_2CrO_7 标定 $Na_2S_2O_3$ 溶液的浓度时，就是以一定量的 $K_2Cr_2O_7$ 在酸性溶液中与过量的 KI 作用，析出相当量的 I_2，再以淀粉为指示剂，用 $Na_2S_2O_3$ 溶液滴定析出的 I_2，进而求得 $Na_2S_2O_3$ 溶液的浓度
间接滴定法	某些待测组分不能直接与滴定剂反应，但可通过其他的化学反应间接测定其含量	溶液中 Ca^{2+} 几乎不发生氧化还原反应，但利用它与 $C_2O_4^{2-}$ 作用形成 CaC_2O_4 沉淀，过滤洗净后，加入 H_2SO_4 使其溶解，用 $KMnO_4$ 标准滴定溶液滴定 $C_2O_4^{2-}$，就可以间接测定 Ca^{2+} 的含量

返滴定法、置换滴定法和间接滴定法的应用大大扩展了滴定分析的应用范围。

滴定分析适用于常量组分的测定，测定准确度较高，一般情况下测定误差不大于 0.1%，并且具有操作简单、快速，所用仪器简单的优点。

（四）滴定分析对化学反应的要求

滴定分析法是以化学反应为基础的分析方法，但是并非所有的化学反应都能作为滴定分析法的基础。作为滴定分析法基础的化学反应必须满足以下几点。

① 反应要按一定的化学方程式进行，即有确定的化学计量关系，并且反应进行得完全。

② 反应速度要快，对速度慢的反应，有时可通过加热或加入催化剂方法来加快反应速度。

③ 反应不受杂质的干扰，若有干扰，可采用适当的方法消除干扰。

④ 必须有适当的方法确定滴定终点——简便可靠的方法：合适的指示剂。

凡能满足滴定分析对化学反应要求的化学反应式都能用于滴定分析，比如 $NaOH + HCl \rightarrow NaCl + H_2O$。而 $AgNO_3$ 标准溶液滴定 Cl^-，缺乏合适的指示剂，因此不能用 $AgNO_3$ 标准溶液直接滴定 Cl^-，即 $AgNO_3 + NaCl \longrightarrow AgCl + NaNO_3$ 不能用于滴定分析。此时，可采用返滴定法，即，加入一定量过量 $AgNO_3$ 标准溶液，使 Cl^- 沉淀完全，再用 NH_4SCN 标准滴定溶液滴定过量的 Ag^+，以 Fe^{3+} 为指示剂，出现 $Fe(SCN)^{2+}$ 淡红色为终点。

二、滴定分析的结果计算

（一）溶液浓度的表示方法

溶液浓度的表示方法包括物质的量浓度 C_B，质量浓度 ρ_B，质量分数 ω_B，体积分数 Φ_B，比例浓度 V_1+V_2；$A + B$、滴定度 $T_{B/A}$，具体表述见模块 7 中“溶液浓度的表示方法”。

（二）基本单元的概念及确定

在滴定分析中，通常以试剂反应的最小单元为基本单位，基本单元可以是分子、原子、离子、电子等基本粒子，也可以是这些基本粒子的特定组合。

基本单元的确定一般可根据滴定反应中的质子转移数（酸碱反应），电子的得失数（氧化还原反应）或反应的定量关系来确定。

对于质子转移的酸碱反应，通常以转移一个质子的特定组合作为反应物的基本单元。例如，盐酸和碳酸钠的反应

$$2HCl + Na_2CO_3 \longrightarrow 2NaCl + H_2O + CO_2\uparrow$$

反应中盐酸给出一个质子，碳酸钠接受两个质子，因此分别选取 HCl 和 $\left(\frac{1}{2}Na_2CO_3\right)$ 作为基本单元。由于反应中盐酸给出的质子数必定等于碳酸钠接受的质子数，因此到达化学计量点时：

$$n(HCl) = n\left(\frac{1}{2}Na_2CO_3\right)$$

氧化还原反应是电子转移的反应，通常以转移一个电子的特定组合作为反应物的基本单元。例如，高锰酸钾标准溶液滴定 Fe^{2+} 的反应：

$$MnO_4^- + 5Fe^{2+} + 8H^+ \longrightarrow 5Fe^{3+} + Mn^{2+} + 4H_2O$$

$$MnO_4^- + 5e + 8H^+ \longrightarrow Mn^{2+} + 4H_2O$$

$$Fe^{2+} - e \longrightarrow Fe^{3+}$$

高锰酸钾在反应中得到 5 个电子，Fe^{2+} 离子在反应中失去一个电子，因此应分别选取 $\left(\frac{1}{5}KMnO_4\right)$ 和 Fe^{2+} 作为基本单元。则反应到达化学计量点时：

$$n\left(\frac{1}{5}KMnO_4\right)=n\ (Fe^{2+})$$

关于基本单元，若以 Z 表示转移的质子或电子数，存在以下关系式：

$$M\left(\frac{1}{Z}B\right)=\frac{1}{Z}M(B)$$

$$n\left(\frac{1}{Z}\right)=Zn(B)$$

$$c\left(\frac{1}{Z}B\right)=Zc(B)$$

（三）等物质的量规则

滴定分析中计算的基础是等物质的量规则。等物质的量规则是指对于一定的化学反应，如选定适当的基本单元，那么在任何时刻所消耗的反应物的物质的量均相等，在滴定分析中，若根据滴定反应选取适当的基本单元，则滴定到达化学计量点时被测组分的物质的量 n_A，就等于所消耗的标准滴定溶液中溶质的物质的量 n_B，即：

$$n_A=n_B$$

若反应的两种物质均为溶液，则等物质的量规则可表示为：

$$C_BV_B=C_AV_A$$

若反应的两种物质一种为溶液，一种为固体，则等物质的量规则表示为：

$$C_AV_A=1000\times\frac{m_B}{M_B}$$

应用等物质的量规则时，物质的量浓度、物质的量和摩尔质量必须注明基本单元。

（四）计算示例

1. 两种溶液间的滴定计算

$$C_BV_B=C_AV_A$$

【例 8-1】 滴定 25.00mL 氢氧化钠溶液，消耗 $C\left(\frac{1}{2}H_2SO_4\right)=0.1000$ mol/L 硫酸溶液 24.20mL，求该氢氧化钠溶液的物质的量浓度。

【解】

$$H_2SO_4+2NaOH\longrightarrow Na_2SO_4+H_2O$$

$$C\ (NaOH)V\ (NaOH)=C\left(\frac{1}{2}H_2SO_4\right)V\left(\frac{1}{2}H_2SO_4\right)$$

$$C(NaOH)=\frac{C\left(\frac{1}{2}H_2SO_4\right)V(H_2SO_4)}{V(NaOH)}=\frac{0.1000\times24.20\times10^{-3}}{25.00\times10^{-3}}=0.09680\ (mol/L)$$

【答】 氢氧化钠溶液的物质的量浓度为 0.09680 mol/L。

等物质的量规则，还可用于溶液稀释的计算，因为稀释前后溶质的质量 m 及物质的量 n 并未发生变化，所以

$$C_{浓}V_{浓}=C_{稀}V_{稀}$$

【例 8-2】 欲将 500.00mL 浓度为 C(HCl) ＝0.1232mol/L 的 HCl 溶液稀释成 C(HCl) ＝0.1000mol/L 的溶液，需加水多少毫升？

【解】 设需加水的体积为 V，则稀释后溶液体积为

$$V_{稀}=V_{浓}+V$$

根据

$$C_{浓}V_{浓}=C_{稀}V_{稀}$$

得

$$C_{浓}V_{浓}=C_{稀}(V_{浓}+V)$$

$$0.1232\times500.00\times10^{-3}=0.1000\times(500.00+V)\times10^{-3}$$

则 $V=116\ (mL)$

【答】需加水 116mL。

2. 固体物质 *A* 与溶液 *B* 之间反应的计算

对于固体物质 A，当其质量为 m_A 时，有 $n_A=m_A/M_A$；对于溶液 B，其物质的量 $n_B=m_B/M_B$。

若固体物质 A 与溶液 B 完全反应达到化学计量点时，根据等物质的量规则得

$$C_B V_B=\frac{m_A}{M_A}$$

【例 8-3】 欲标定某盐酸溶液，准确称取无水碳酸钠 1.3078g，溶解后稀释至 250 mL。移取 25.00 mL 上述碳酸钠溶液，以欲标定盐酸溶液滴定至终点时，消耗盐酸溶液的体积为 24.28mL。计算该盐酸溶液的准确浓度。

【解】

$$2HCl+Na_2CO_3 \longrightarrow 2NaCl+H_2O+CO_2\uparrow$$

$$n\ (HCl)\ =n\left(\frac{1}{2}Na_2CO_3\right)$$

$$C\ (HCl)\ V\ (HCl)\ =\frac{m(Na_2CO_3)}{M\left(\frac{1}{2}Na_2CO_3\right)}$$

$$C\ (HCl)\ =\frac{1.3078\times\frac{25.00\times10^{-3}}{250.00\times10^{-3}}}{\frac{1}{2}\times105.99\times24.28\times10^{-3}}$$

$$=0.1016\ (mol/L)$$

【答】该盐酸溶液的准确浓度为 0.1016mol/L。

3. 求待测组分的质量分数及质量浓度

在滴定过程中，设试样质量为 m_S，试样中待测组分 A 的质量为 m_A，则待测组分的质量分数为：

$$w_A=\frac{m_A}{m_S}=\frac{C_B V_B M_A}{m_S}$$

式中 w_A——待测组分 A 的质量分数；

C_B——滴定剂 B 以 B 为基本单元的物质的量浓度，mol/L；

V_B——B 所消耗的体积，L；

M_A——待测组分 A 以 A 为基本单元的摩尔质量，g/mol；

待测组分的质量浓度为：

$$\rho_A=\frac{m_A}{V}=\frac{C_B V_B M_A}{V}$$

式中 ρ_A——待测组分 A 的质量浓度；

C_B——滴定剂 B 以 B 为基本单元的物质的量浓度，mol/L；

V_B——滴定剂 B 所消耗的体积，L；

M_A——待测组分 A 以 A 为基本单元的摩尔质量，g/mol；

V——试液的体积，L。

【例 8-4】 称取 0.5238mL 含有水溶性氯化物的样品，用 0.1000mol/L $AgNO_3$ 标准滴定溶液滴定，到达滴定终点时，消耗了 25.70mL $AgNO_3$ 溶液，求样品中氯的质量分数。

【解】

$$Ag^++Cl^-\longrightarrow AgCl$$

$$n(Ag^+)=n(AgNO_3)=n(Cl^-)=n(Cl)$$

$$w(Cl)=\frac{m(Cl)}{m_S}=\frac{C(AgNO_3)V(AgNO_3)M(Cl)}{m_S}$$

$$=\frac{0.1000\times25.70\times10^{-3}\times35.45}{0.5238}$$

$$=0.1739=17.39\%$$

【答】样品中氯的质量分数为17.39%。

三、酸碱指示剂

(一) 酸碱指示剂的变色原理

酸碱指示剂一般是有机弱酸、弱碱或两性物质，它们在不同酸度的溶液中具有不同的结构，并呈现不同的颜色。当被滴溶液的pH值改变时，指示剂失去H^+由酸式体变为碱式体，或得到H^+由碱式体变为酸式体，从而引起颜色的变化。常见的酸碱指示剂如表8-4所示。

表8-4 常见的酸碱指示剂

指示剂名称	变色范围 pH	变色点 pK_{HIn}	颜色		配制方法
			酸色	碱色	
甲基橙	3.1～4.4	3.4	红	黄	0.1g溶于100mL水溶液中
溴酚蓝	3.1～4.6	4.1	黄	紫	0.1g溶于含有3mL 0.05mol/L NaOH溶液的100mL水溶液中
溴甲酚绿	3.8～5.4	4.9	黄	蓝	0.1g溶于含有2.9mL 0.05mol/L NaOH溶液的100mL水溶液中
甲基红	4.4～6.2	5.2	红	黄	0.1g溶于100mL 60%乙醇溶液中
中性红	6.8～8.0	7.4	红	黄橙	0.1g溶于100mL 60%乙醇溶液中
酚红	6.7～8.4	8.0	黄	红	0.1g溶于100mL 60%乙醇溶液中
百里酚蓝(二次变色)	8.0～9.6	8.9	黄	蓝	0.1g溶于100mL 20%乙醇溶液中
酚酞	8.0～10.0	9.1	红	红	0.1g溶于100mL 90%乙醇溶液中
百里酚酞	9.4～10.6	10.0	无	蓝	0.1g溶于100mL 90%乙醇溶液中

例如，酚酞的酸式色为无色，碱式色为红色，两型体间的过渡色为粉红色。甲基橙的酸式色为红色，碱式色为黄色，两型体间的过渡色为橙色。可见，酸碱指示剂的变色与溶液的酸度有关，且具有一定的pH值范围。

混合指示剂主要是利用颜色互补的作用原理，使得酸碱滴定的终点变色敏锐，变色范围变窄。常用的混合指示剂见表8-5。

表8-5 常用的混合指示剂

指示剂名称	变色点pH值	颜色		备注
		酸式色	碱式色	
一份1.0g/L甲基橙水溶液 一份2.5g/L靛蓝二磺酸钠水溶液	4.1	紫	黄绿	pH=4.1，灰色

续表

指示剂名称	变色点 pH 值	颜色		备 注
		酸式色	碱式色	
三份 1.0g/L 溴甲酚绿乙醇溶液 一份 2.0g/L 甲基红乙醇溶液	5.1	酒红	绿	pH=5.1，灰色
一份 1.0g/L 中性红乙醇溶液 三份 1.0g/L 亚甲基蓝乙醇溶液	7.0	蓝紫	绿	pH=7.0，蓝紫色
一份 1.0g/L 甲酚红钠盐水溶液 三份 1.0g/L 百里酚蓝钠盐水溶液	8.3	黄	紫	pH=8.2，玫瑰色 pH=8.4，紫色
一份 1.0g/L 酚酞乙醇溶液 一份 1.0g/L 百里酚酞乙醇溶液	9.9	无	紫	pH=9.6，玫瑰色 pH=10.0，紫色
三份 0.2%甲基红乙醇溶液 二份 0.2%亚甲基蓝乙醇溶液	5.4	红紫	绿	pH=5.2 红紫； pH=5.4 暗蓝； pH=5.6 绿色

实验室中使用的 pH 值试纸，就是基于混合指示剂的原理而制成的。

需要指出，使用指示剂时应注意溶液温度，指示剂用量等问题。此外，一般多选用滴定终点时颜色变化为由浅变深的指示剂，这样更易于观察，减小终点误差。

（二）影响酸碱指示剂变色范围的因素

指示剂的实际变色范围越窄，则在化学计量点时，溶液 pH 值稍有变化，指示剂的颜色便立即从一种颜色变到另一种颜色，如此则可减小滴定误差。那么，有哪些因素可以影响指示剂的实际变色范围呢？一般说来，影响指示剂实际变色范围的主要因素是溶液温度、指示剂的用量、离子强度以及滴定程序等。下面分别讨论。

（1）溶液温度 指示剂的变色范围和指示剂的离解常数 K_{HIn} 有关，而 K_{HIn} 与溶液温度有关，因此当温度改变时，指示剂的变色范围也随之改变。几种常见指示剂在 18℃ 与 100℃ 时的变色范围见表 8-6。

表 8-6 常见指示剂在 18℃ 与 100℃ 时的变色范围

指示剂	变色范围（pH）		指示剂	变色范围（pH）	
	18℃	100℃		18℃	100℃
百里酚蓝	1.2～2.8	1.2～2.6	甲基红	4.4～6.2	4.0～6.0
甲基橙	3.1～4.4	2.5～3.7	酚红	6.4～8.0	6.6～8.2
溴酚蓝	3.0～4.6	3.0～4.5	酚酞	8.0～10.0	8.0～9.2

由表 8-6 可以看出，温度上升对各种指示剂的影响是不一样的。因此，为了确保滴定结果的准确性，滴定分析宜在室温下进行。如果必须在加热时进行，也应当将标准溶液在同样条件下进行标定。

（2）指示剂的用量 指示剂的用量（或浓度）是一个非常重要的因素。对于双色指示剂（如甲基红），在溶液中有如下离解平衡：

$$HIn \rightleftharpoons H^+ + In^-$$

如果溶液中指示剂的浓度较小，则在单位体积溶液中 HIn 的量也少，加入少量标准溶液即可使之完全变为 In^-，因此指示剂颜色变化灵敏；反之，若指示剂浓度较大，则发生同样的颜色变化所需标准溶液的量也较多，从而导致滴定终点时颜色变化不敏锐。所以，双色指示剂的用量以小为宜。

同理，对于单色指示剂（如酚酞），也是指示剂的用量偏少时滴定终点变色敏锐。但如用单色指示剂滴定至一定 pH 值，则必须严格控制指示剂的浓度。因为单色指示剂的颜色深度仅取决于有色离子的浓度（对酚酞来说就是碱式 $[In^-]$ ），即：

$$[In^-] = \frac{K_{HIn}}{[H^+]}[HIn]$$

如果 $[H^+]$ 维持不变，在指示剂变色范围内，溶液的颜色便随指示剂 HIn 浓度的增加而加深。因此，使用单色指示剂时必须严格控制指示剂的用量以使其在终点时的浓度等于对照溶液中的浓度。

此外，指示剂本身是弱酸或弱碱，也要消耗一定量的标准溶液。因此，指示剂用量以少为宜，但却不能太少；否则，由于人眼辨色能力的限制，无法观察到溶液颜色的变化。实际滴定过程中，通常都是使用指示剂浓度为 1g/L 的溶液，用量比例为每 10mL 试液滴加 1 滴左右的指示剂溶液。

(3) 离子强度　指示剂的 pK_{HIn} 值随溶液离子强度的不同而有少许变化，因而指示剂的变色范围也随之有稍许偏移。实验证明，溶液离子强度增加，对酸型指示剂而言其 pK_{HIn} 值减小，对碱型指示剂而言其 pK_{HIn} 值增大。

由于在离子强度较低（<0.5）时酸碱指示剂的 pK_{HIn} 值随溶液离子强度的不同变化不大，因而实际滴定过程中一般可以忽略不计。

(4) 滴定程序　由于深色较浅色明显，所以当溶液由浅色变为深色时，人眼容易辨别。例如，以甲基橙作指示剂，用碱标准滴定溶液滴定酸时，终点颜色的变化是由橙红变黄，就不及用酸标准滴溶液滴定碱时终点颜色由黄变橙红明显。所以用酸标准滴定溶液滴定碱时可用甲基橙作指示剂；而用碱标准滴定溶液滴定酸时，一般采用酚酞作指示剂，因为终点从无色变为红色比较敏锐。

(三) 酸碱指示剂的选择

酸碱指示剂的选择主要依据滴定突跃范围。在化学计量点前后（一般为±0.1%相对误差范围内），因滴定剂的微小改变而使溶液的 pH 值发生剧烈变化的现象，称为滴定突跃。

选择酸碱指示剂的原则：指示剂的变色范围全部或部分地处在滴定的突跃范围以内。

四、常见溶液的配制与标定

(一) 0.1mol/L 盐酸标准溶液的配制和标定

1. 原理

以溴甲酚绿-甲基红或甲基橙为指示剂，用盐酸标准溶液滴定基准无水碳酸钠。基本反应为：

$$NaCO_3 + 2HCl = 2NaCl + H_2O + CO_2$$

根据基准无水碳酸钠的质量及所用盐酸溶液的体积，计算盐酸溶液的准确浓度。

2. 仪器与试剂

仪器：分析天平、高温炉、电炉、干燥器、称量瓶、250mL 锥形瓶、50mL 酸式滴定管、量筒。

试剂：浓盐酸、无水碳酸钠（固、基准物）、0.1%甲基橙指示剂、溴甲酚绿-甲基红混合指示剂（3+1）：0.1%溴甲酚绿酒精溶液与 0.2%的甲基橙酒精溶液以 3 ＋ 1 体积混合。

3. 操作步骤

(1) 0.1mol/L 盐酸标准溶液的配制　量取浓盐酸 3.5mL，注入盛蒸馏水的烧杯中，搅匀，倒入试剂瓶。

(2) 0.1mol/L 盐酸标准溶液的标定

① 以溴甲酚绿-甲基红作指示剂。用差减称量法准确称取在 270～300℃灼烧至恒重的基准无水碳酸钠 0.15～0.2g（准至 0.0002g），放入 250mL 锥形瓶中，以 50mL 蒸馏水溶解，加溴甲酚绿-甲基红混合指示剂 8～10 滴，用 0.1mol/L 盐酸溶液滴定至溶液由绿色变为暗红色，加热煮沸 2min，冷却后继续用盐酸溶液滴定至溶液呈暗红色为终点，平行标定三次，同时做空白试验。

② 以甲基橙作指示剂。用差减称量法准确称取在 270～300℃灼烧至恒重的基准无水碳酸钠 0.15～0.2g（准至 0.0002g），放入 250mL 锥形瓶中，以 50mL 蒸馏水溶解，加甲基橙指示剂 1～2 滴，用 0.1mol/L 盐酸溶液滴定至溶液由黄色变为橙色，加热煮沸 2min，冷却后继续用盐酸溶液滴定至溶液呈橙色为终点，平行标定三次，同时做空白试验。

4. 计算

$$C_{HCl}=\frac{m_{Na_2CO_3}\times 2\times 1000}{M_{Na_2CO_3}(V_{HCl}-V_{空白})}$$

5. 数据记录表

0.1mol/L 盐酸溶液的标定 温度：℃

项目 \ 次数		1	2	3
（倒样前瓶＋样质量）/g				
（倒样后瓶＋样质量）/g				
样品质量/g				
消耗 HCl 溶液体积/mL				
滴定管校正值/mL				
温度补偿值/（mL/L）				
溶液实际体积/mL				
空白试验	消耗溶液体积/mL			
	滴定管校正值/mL			
	温度补偿值/（mL/L）			
	溶液实际体积/mL			
公式		$C_{HCl}=\frac{m_{Na_2CO_3}\times 2\times 1000}{M_{Na_2CO_3}(V_{HCl}-V_{空白})}$		
C/（mol/L）				
平均值/（mol/L）				
极差/（mol/L）				
极差与平均值之比/%				

（二）0.02mol/L 高锰酸钾的配制与标定

1. 原理

在强酸性溶液，以高锰酸钾为自身指示剂，用高锰酸钾溶液滴定基准草酸钠，其反应为：

$$5C_2O_4^{2-}+2MnO^{4-}+16H^+ = 2Mn^{2+}+8H_2O+10CO_2$$

根据基准草酸钠的质量及所用高锰酸钾溶液的体积，计算高锰酸钾标准溶液的浓度。

2. 试剂与仪器

仪器：分析天平，万用电炉，托盘天平，称量瓶，酸式滴定管，500mL 棕色试剂瓶，100mL，1000mL 烧杯，250mL 锥形瓶，50mL 量筒。

试剂：基准试剂 $Na_2C_2O_4$，3 mol/L H_2SO_4溶液。

3. 操作步骤

(1) 0.02mol/L $KMnO_4$标准溶液的配制　称取 1.6g $KMnO_4$固体，置于 500mL 烧杯中，加蒸馏水 520 mL 使之溶解，盖上表面皿，加热至沸，并缓缓煮沸 15min，并随时加水补充至 500mL。冷却后，在暗处放置数天（至少 2～3d），然后用微孔玻璃漏斗或玻璃棉过滤除去 MnO_2沉淀。滤液储存在干燥棕色瓶中，摇匀。若溶液煮沸后在水浴锅上保持 1h，冷却，经过滤可立即标定其浓度。

(2) $KMnO_4$标准溶液的标定　准确称取在 130℃烘干的 $Na_2C_2O_4$ 0.15～0.20g，置于 250mL 锥形瓶中，加入蒸馏水 40mL 及 H_2SO_4 10mL，加热至 75～80℃（瓶口开始冒气，不可煮沸），立即用待标定的 $KMnO_4$溶液滴定至溶液呈粉红色，并且在 30s 内不褪色，即为终点。标定过程中要注意滴定速度，必须待前一滴溶液褪色后再加第二滴，此外还应使溶液保持适当的温度。

4. 计算

根据称取的 $Na_2C_2O_4$质量和耗用的 $KMnO_4$溶液的体积，计算 $KMnO_4$标准溶液的准确浓度。

$$C_{KMnO_4}=\frac{m_{Na_2C_2O_4}\times 1000\times 2}{5\times M_{Na_2C_2O_4}\times(V-V_0)}$$

5. 数据处理表

高锰酸钾溶液的标定　　温度：℃

内容 \ 次数		1	2	3
称量瓶＋ $Na_2C_2O_2$的质量（第一次读数）				
称量瓶＋$Na_2C_2O_2$的质量（第二次读数）				
基准 $Na_2C_2O_2$的质量 m/g				
标定试验	滴定消耗 $KMnO_4$溶液的用量/mL			
	滴定管校正值/mL			
	溶液温度补正值/（mL/L）			
	实际滴定消耗 $KMnO_4$溶液的体积 V/mL			
空白试验	滴定消耗 $KMnO_4$溶液的体积/mL			
	滴定管校正值/mL			
	溶液温度补正值/（mL/L）			
	实际滴定消耗 $KMnO_4$溶液的体积 V_0/mL			
$C(\frac{1}{5}KMnO_4)$/（mol/L）				
$C(\frac{1}{5}KMnO_4)$平均值/（mol/L）				
平行测定结果的极差/（mol/L）				
极差与平均值之比/%				

（三）0.02mol/L EDTA 标准溶液的配制与标定

1. 原理

在 pH=6.0 时，以二甲酚橙作指示剂直接滴定，终点由紫红色变为亮黄色。其反应为：

$$Zn^{2+}+XO = ZnXO$$

（黄色）　　（紫红色）

$$ZnXO+EDTA = Zn\text{-}EDTA+XO$$

（紫红色）　　（无色）　　（亮黄色）

2. 仪器与试剂

仪器：分析天平，高温炉，托盘天平，100mL 容量瓶，100mL 烧杯，10mL 移液管，250mL 锥形瓶，50mL 酸式滴定管。

试剂：EDTA（固、分析纯），氧化锌（固、基准物），浓盐酸，二甲酚橙指示剂，pH 为 10 的氨水-氯化氨缓冲溶液：称取固体分析纯氯化氨 5.4g，加 20mL 纯水，35mL 浓氨水，溶解后以水稀释至 100mL。六亚甲基四胺 pH=6.0。

3. 操作步骤

（1）0.02mol/LEDTA 溶液的配制　在托盘天平上称取 2.98g 的 EDTA 置于 400mL 的烧杯中，加入 100mL 纯水，加热溶解，以纯水稀释至 400mL，搅匀，备用。

（2）氧化锌基准溶液的配制　称取在 800℃燃烧至恒重的基准氧化锌 0.8137g（称准至 0.0002g），加入浓盐酸 20mL、水 100mL 纯水使之溶解，必要时可微微加热促其溶解，定量转移入 1000mL 容量瓶准确稀释至刻度，摇匀备用。不需标定。

（3）以二甲酚橙为指示剂标定 EDTA 溶液　用移液管准确移取氧化锌基准溶液 10mL 放入 250mL 锥形瓶，加 50mL 纯水及二甲酚橙指示剂 2～3 滴，滴加 20%六亚甲基四胺（pH=6.0）至溶液呈红紫色，再多加 3mL 六亚甲基四胺溶液，然后用 0.02mol/L EDTA 溶液滴定到溶液由红紫色变为亮黄色为终点。平行标定 3 次，同时做空白试验。

4. 计算

$$C_{EDTA}=\frac{m_{ZnO}\times 10/100\times 1000}{M_{ZnO}\times (V_{EDTA}-V_0)}$$

任务　蛋壳中钙、镁含量的测定

【任务描述】鸡蛋壳中钙的含量大约 90%，某生产钙镁营养品的医药企业为节约成本，提高利润，希望可以利用鸡蛋壳中的钙镁成分，现其研发中心正对鸡蛋壳具体成分进行研究，鸡蛋壳样品已经制得，请你先设计一份方案适用于测试，并开展实验。

1. 请各小组根据任务列出你们所能找到（想到）的完成任务的各种方法。

2. 在你们的所有方法中，选出你们小组认为能够完成任务的最优方法，并把它做成方案（包括原理、仪器试剂、实施步骤、注意事项、数据处理）。

3. 把方案以海报的形式展示出来。

4. 小组中一个或多名代表展示方案。

5. 依照方案完成任务。

课外阅读　酸碱指示剂的发现

酸碱指示剂是检验溶液酸碱性的常用化学试剂，像科学上的许多其他发现一样，酸碱指示剂的发现是化学家善于观察、勤于思考、勇于探索的结果。

300多年前，英国年轻的科学家罗伯特·波义耳在化学实验中偶然捕捉到一种奇特的实验现象。有一天清晨，波义耳正准备到实验室去做实验，一位花木工为他送来一篮非常鲜美的紫罗兰，喜爱鲜花的波义耳随手取下一束带进了实验室，把鲜花放在实验桌上便开始了实验。当他从大瓶里倾倒出盐酸时，一股刺鼻的气体从瓶口涌出，倒出的淡黄色液体冒着白雾，还有少许酸沫飞溅到鲜花上。他想，“真可惜，盐酸弄到鲜花上了”。为洗掉花上的酸沫，他把花用水冲了一下，一会儿发现紫罗兰颜色变红了。当时波义耳感到既新奇又兴奋，他认为，可能是盐酸使紫罗兰颜色变红色。为进一步验证这一现象，他立即返回住所，把那篮鲜花全部拿到实验室，取了当时已知的几种酸的稀溶液，把紫罗兰花瓣分别放入这些稀酸中，结果现象完全相同，紫罗兰都变为红色。由此他推断，不仅盐酸，而且其他各种酸都能使紫罗兰变为红色。他想，这太重要了，以后只要把紫罗兰花瓣放进溶液，看它是不是变红色，就可判别这种溶液是不是酸。偶然的发现，激发了科学家的探求欲望。后来，他又弄来其他花瓣做试验，并制成花瓣的水或酒精的浸液，用它们来检验是不是酸，同时用它们来检验一些碱溶液，也产生了一些变色现象。

这位追求真知，永不困倦的科学家，为了获得丰富、准确的第一手资料，还采集了药草、牵牛花、苔藓、月季花、树皮和各种植物的根……泡出了多种颜色的不同浸液，有些浸液遇酸变色，有些浸液遇碱变色。不过有趣的是，他从石蕊苔藓中提取的紫色浸液，酸能使它变红色，碱能使它变蓝色，这就是最早的石蕊试液，波义耳把它称作指示剂。为使用方便，波义耳用一些浸液把纸浸透、烘干制成纸片，使用时只要将小纸片放入被检测的溶液，纸片上就会发生颜色变化，从而显示出溶液是酸性还是碱性。今天，我们使用的石蕊、酚酞试纸、pH试纸，就是根据波义耳的发现原理研制而成的。

后来，随着科学技术的进步和发展，许多其他的指示剂也相继被另一些科学家所发现。

附件一　中华人民共和国计量法

一九八五年九月六日第六届全国人民代表大会常务委员会第十二次会议通过。

第一章　总则

第一条　为了加强计量监督管理， 保障国家计量单位制的统一和量值的准确可靠， 有利于生产、 贸易和科学技术的发展， 适应社会主义现代化建设的需要， 维护国家、 人民的利益， 制定本法。

第二条　在中华人民共和国境内， 建立计量基准器具、 计量标准器具， 进行计量检定， 制造、 修理、 销售、 使用计量器具， 必须遵守本法。

第三条　国家采用国际单位制。

国际单位制计量单位和国家选定的其他计量单位， 为国家法定计量单位。 国家法定计量单位的名称、 符号由国务院公布。

非国家法定计量单位应当废除。 废除的办法由国务院制定。

第四条　国务院计量行政部门对全国计量工作实施统一监督管理。

县级以上地方人民政府计量行政部门对本行政区域内的计量工作实施监督管理。

第二章　计量基准器具、 计量标准器具和计量检定

第五条　国务院计量行政部门负责建立各种计量基准器具， 作为统一全国量值的最高依据。

第六条　县级以上地方人民政府计量行政部门根据本地区的需要， 建立社会公用计量标准器具， 经上级人民政府计量行政部门主持考核合格后使用。

第七条　国务院有关主管部门和省。 自治区、 直辖市人民政府有关主管部门， 根据本部门的特殊需要， 可以建立本部门使用的计量标准器具， 其各项最高计量标准器具经同级人民政府计量行政部门主持考核合格后使用。

第八条　企业、 事业单位根据需要， 可以建立本单位使用的计量标准器具， 其各项最高计量标准器具经有关人民政府计量行政部门主持考核合格后使用。

第九条　县级以上人民政府计量行政部门对社会公用计量标准器具， 部门和企业、 事业单位使用的最高计量标准器具， 以及用于贸易结算、 安全防护、 医疗卫生、 环境监测方面的列入强制检定目录的工作计量器具， 实行强制检定。 未按照规定申请检定或者检定不合格的， 不得使用。 实行强制检定的工作计量器具的目录和管理办法， 由国务院制定。

对前款规定以外的其他计量标准器具和工作计量器具， 使用单位应当自行定期检定或者送其他计量检定机构检定， 县级以上人民政府计量行政部门应当进行监督检查。

第十条　计量检定必须按照国家计量检定系统表进行。 国家计量检定系统表由国务院计量行政部门制定。

计量检定必须执行计量检定规程。 国家计量检定规程由国务院计量行政部门制定。 没有国家计量检定规程的， 由国务院有关主管部门和省、 自治区、 直辖市人民政府计量行政部门分别制定部门计量检定规程和地方计量检定规程， 并向国务院计量行政部门备案。

第十一条　计量检定工作应当按照经济合理的原则， 就地就近进行。

第三章　计量器具管理

第十二条　制造、 修理计量器具的企业、 事业单位， 必须具备与所制造、 修理的计量器具相适应的设施、 人员和检定仪器设备， 经县级以上人民政府计量行政部门

考核合格，取得《制造计量器具许可证》或者《修理计量器具许可证》。

制造、修理计量器具的企业未取得《制造计量器具许可证》或者《修理计量器具许可证》的，工商行政管理部门不予办理营业执照。

第十三条　制造计量器具的企业、事业单位生产本单位未生产过的计量器具新产品，必须经省级以上人民政府计量行政部门对其样品的计量性能考核合格，方可投入生产。

第十四条　未经国务院计量行政部门批准，不得制造、销售和进口国务院规定废除的非法定计量单位的计量器具和国务院禁止使用的其他计量器具。

第十五条　制造、修理计量器具的企业、事业单位必须对制造、修理的计量器具进行检定，保证产品计量性能合格，并对合格产品出具产品合格证。

县级以上人民政府计量行政部门应当对制造、修理的计量器具的质量进行监督检查。

第十六条　进口的计量器具，必须经省级以上人民政府计量行政部门检定合格后，方可销售。

第十七条　使用计量器具不得破坏其准确度，损害国家和消费者的利益。

第十八条　个体工商户可以制造、修理简易的计量器具。

制造、修理计量器具的个体工商户，必须经县级人民政府计量行政部门考核合格，发给《制造计量器具许可证》或者《修理计量器具许可证》后，方可向工商行政管理部门申请营业执照。

个体工商户制造、修理计量器具的范围和管理办法，由国务院计量行政部门制定。

第四章　计量监督

第十九条　县级以上人民政府计量行政部门，根据需要设置计量监督员。计量监督员管理办法，由国务院计量行政部门制定。

第二十条　县级以上人民政府计量行政部门可以根据需要设置计量检定机构，或者授权其他单位的计量检定机构，执行强制检定和其他检定、测试任务。执行前款规定的检定、测试任务的人员，必须经考核合格。

第二十一条　处理因计量器具准确度所引起的纠纷，以国家计量基准器具或者社会公用计量标准器具检定的数据为准。

第二十二条　为社会提供公证数据的产品质量检验机构，必须经省级以上人民政府计量行政部门对其计量检定、测试的能力和可靠性考核合格。

第五章　法律责任

第二十三条　未取得《制造计量器具许可证》、《修理计量器具许可证》制造或者修理计量器具的，责令停止生产、停止营业，没收违法所得，可以并处罚款。

第二十四条　制造、销售未经考核合格的计量器具新产品的，责令停止制造、销售该种新产品，没收违法所得，可以并处罚款。

第二十五条　制造、修理、销售的计量器具不合格的，没收违法所得，可以并处罚款。

第二十六条　属于强制检定范围的计量器具，未按照规定申请检定或者检定不合格继续使用的，责令停止使用，可以并处罚款。

第二十七条　使用不合格的计量器具或者破坏计量器具准确度，给国家和消费者造成损失的、责令赔偿损失，没收计量器具和违法所得，可以并处罚款。

第二十八条　制造、销售、使用以欺骗消费者为目的的计量器具的，没收计量器具和违法所得，处以罚款；情节严重的，并对个人或者单位直接责任人员按诈骗罪或者投机倒把罪追究刑事责任。

第二十九条　违反本法规定，制造、修理、销售的计量器具不合格，造成人身伤亡或者重大财产损失的，比照《刑法》第一百八十六条的规定，对个人或者单位直接责任人员追究刑事责任。

第三十条　计量监督人员违法失职，情节严重的，依照《刑法》有关规定追究刑事责任，情节轻微的给予行政处分。

第三十一条　本法规定的行政处罚，由县级以上地方人民政府计量行政部门决定。本法第二十七条规定的行政处罚，也可以由工商行政管理部门决定。

第三十二条　当事人对行政处罚决定不服的，可以在接到处罚通知之日起十五日内向人民法院起诉，对罚款、没收违法所得的行政处罚决定期满不起诉又不履行的，由作出行政处罚决定的机关申请人民法院强制执行。

第六章　附则

第三十三条　中国人民解放军和国防科技工业系统计量工作的监督管理办法，由国务院、中央军事委员会依据本法另行制定。

第三十四条　国务院计量行政部门根据本法制定实施细则，报国务院批准施行。

第三十五条　本法自一九八六年七月一日起施行。

附　刑法有关条文

（1）第二十八条涉及的刑法条款

第一百五十一条　盗窃、诈骗、抢夺公私财物数额较大的，处五年以下有期徒刑、拘役或者管制。

第一百一十六条　违反金融、外汇、金银、工商管理法规，投机倒把，情节严重的，处三年以下有期徒刑或者拘役，可以并处、单处罚金或者没收财产。

（2）第二十九条、第三十条涉及的刑法条款

第一百八十六条　国家工作人员由于玩忽职守，致使公共财产，国家和人民利益遭受重大损大的，处五年以下有期徒刑或者拘役。

附件二　中华人民共和国产品质量法

一九九三年二月二十二日第七届全国人民代表大会常务委员会第三十次会议通过根据二〇〇〇年七月八日第九届全国人民代表大会常务委员会第十六次会议《关于修改〈中华人民共和国产品质量法〉的决定》修正。

第一章　总则

第一条　为了加强对产品质量的监督管理，提高产品质量水平，明确产品质量责任，保护消费者的合法权益，维护社会经济秩序，制定本法。

第二条　在中华人民共和国境内从事产品生产、销售活动，必须遵守本法。本法所称产品是指经过加工、制作，用于销售的产品。建设工程不适用本法规定，但是，建设工程使用的建筑材料、建筑构配件和设备，属于前款规定的产品范围的，适用本法规定。

第三条　生产者、销售者应当建立健全内部产品质量管理制度，严格实施岗位质量规范、质量责任以及相应的考核办法。

第四条　生产者、销售者依照本法规定承担产品质量责任。

第五条　禁止伪造或者冒用认证标志等质量标志，禁止伪造产品的产地，伪者冒用他人的厂名、厂址，禁止在生产、销售的产品中掺杂、掺假，以假充真，以次

充好。

第六条 国家鼓励推行科学的质量管理方法，采用先进的科学技术，鼓励企业产品质量达到并且超过行业标准、国家标准和国际标准。对产品质量管理先进和产品质量达到国际先进水平、成绩显著的单位和个人，给予奖励。

第七条 各级人民政府应当把提高产品质量纳入国民经济和社会发展规划，加强对产品质量工作的统筹规划和组织领导，引导、督促生产者、销售者加强产品质量管理，提高产品质量，组织各有关部门依法采取措施，制止产品生产、销售中违反本法规定的行为，保障本法的施行。

第八条 国务院产品质量监督部门主管全国产品质量监督工作。国务院有关部门在各自的职责范围内负责产品质量监督工作。县级以上地方产品质量监督部门主管本行政区域内的产品质量监督工作。县级以上地方人民政府有关部门在各自的职责范围内负责产品质量监督工作。法律对产品质量的监督部门另有规定的，依照有关法律的规定执行。

第九条 各级人民政府工作人员和其他国家机关工作人员不得滥用职权、玩忽职守或者徇私舞弊、包庇、放纵本地区、本系统发生的产品生产、销售中违反本法规定的行为或者阻挠、干预依法对产品生产、销售中违反本法规定的行为进行查处。各级地方人民政府和其他国家机关有包庇、放纵产品生产、销售中违反本法规定的行为的依法追究其主要负责人的法律责任。

第十条 任何单位和个人有权对违反本法规定的行为，向产品质量监督部门或者其他有关部门检举。产品质量监督部门和有关部门应当为检举人保密，并按照省、自治区、直辖市人民政府的规定给予奖励。

第十一条 任何单位和个人不得排斥非本地区或者非本系统企业生产的质量合格产品进入本地区、本系统。

第二章 产品质量的监督

第十二条 产品质量应当检验合格，不得以不合格产品冒充合格产品。

第十三条 可能危及人体健康和人身、财产安全的工业产品，必须符合保障人体健康和人身、财产安全的国家标准、行业标准；未制定国家标准、行业标准的，必须符合保障人体健康和人身、财产安全的要求。禁止生产、销售不符合保障人体健康和人身、财产安全的标准和要求的工业产品。具体管理办法由国务院规定。

第十四条 国家根据国际通用的质量管理标准，推行企业质量体系认证制度。企业根据自愿原则可以向国务院产品质量监督部门认可的或者国务院产品质量监督部门授权的部门认可的认证机构申请企业质量体系认证。经认证合格的，由认证机构颁发企业质量体系认证证书。国家参照国际先进的产品标准和技术要求，推行产品质量认证制度。企业根据自愿原则可以向国务院产品质量监督部门认可的或者国务院产品质量监督部门授权的部门认可的认证机构申请产品质量认证。经认证合格的，由认证机构颁发产品质量认证证书，准许企业在产品或者其包装上使用产品质量认证标志。

第十五条 国家对产品质量实行以抽查为主要方式的监督检查制度，对可能危及人体健康和人身、财产安全的产品，影响国计民生的重要工业产品以及消费者、有关组织反映有质量问题的产品进行抽查。抽查的样品应当在市场上或者企业成品仓库内的待销产品中随机抽取。监督抽查工作由国务院产品质量监督部门规划和组织。县级以上地方产品质量监督部门在本行政区域内也可以组织监督抽查。法律对产品质量的监督检查另有规定的，依照有关法律的规定执行。国家监督抽查的产品，地方不得另行重复抽查，上级监督抽查的产品，下级不得另行重复抽查。

根据监督抽查的需要，可以对产品进行检验。检验抽取样品的数量不得超过检验的合理需要，并不得向被检查人收取检验费用。监督抽查所需检验费用按照国务院规定列支。生产者、销售者对抽查检验的结果有异议的，可以自收到检验结果之日起十五日内向实施监督抽查的产品质量监督部门或者其上级产品质量监督部门申请复检，由受理复检的产品质量监督部门作出复检结论。

第十六条 对依法进行的产品质量监督检查，生产者、销售者不得拒绝。

第十七条 依照本法规定进行监督抽查的产品质量不合格的，由实施监督抽查的产品质量监督部门责令其生产者、销售者限期改正。逾期不改正的，由省级以上人民政府产品质量监督部门予以公告，公告后经复查仍不合格的，责令停业，限期整顿；整顿期满后经复查产品质量仍不合格的，吊销营业执照。监督抽查的产品有严重质量问题的，依照本法第五章的有关规定处罚。

第十八条 县级以上产品质量监督部门根据已经取得的违法嫌疑证据或者举报，对涉嫌违反本法规定的行为进行查处时，可以行使下列职权。

（一）对当事人涉嫌从事违反本法的生产、销售活动的场所实施现场检查。

（二）向当事人的法定代表人，主要负责人和其他有关人员调查，了解与涉嫌从事违反本法的生产、销售活动有关的情况。

（三）查阅、复制当事人有关的合同、发票、账簿以及其他有关资料。

（四）对有根据认为不符合保障人体健康和人身、财产安全的国家标准、行业标准的产品或者有其他严重质量问题的产品，以及直接用于生产、销售该项产品的原辅材料、包装物、生产工具，予以查封或者扣押。县级以上工商行政管理部门按照国务院规定的职责范围，对涉嫌违反本法规定的行为进行查处时，可以行使前款规定的职权。

第十九条 产品质量检验机构必须具备相应的检测条件和能力，经省级以上人民政府产品质量监督部门或者其授权的部门考核合格后，方可承担产品质量检验工作。法律、行政法规对产品质量检验机构另有规定的，依照有关法律、行政法规的规定执行。

第二十条 从事产品质量检验、认证的社会中介机构必须依法设立，不得与行政机关和其他国家机关存在隶属关系或者其他利益关系。

第二十一条 产品质量检验机构、认证机构必须依法按照有关标准，客观、公正地出具检验结果或者认证证明。

产品质量认证机构应当依照国家规定对准许使用认证标志的产品进行认证后的跟踪检查。对不符合认证标准而使用认证标志的，要求其改正；情节严重的，取消其使用认证标志的资格。

第二十二条 消费者有权就产品质量问题，向产品的生产者、销售者查询，向产品质量监督部门、工商行政管理部门及有关部门申诉，接受申诉的部门应当负责处理。

第二十三条 保护消费者权益的社会组织可以就消费者反映的产品质量问题建议有关部门负责处理，支持消费者对因产品质量造成的损害向人民法院起诉。

第二十四条 国务院和省、自治区、直辖市人民政府的产品质量监督部门应当定期发布其监督抽查的产品的质量状况公告。

第二十五条 产品质量监督部门或者其他国家机关以及产品质量检验机构不得向社会推荐生产者的产品，不得以对产品进行监制、监销等方式参与产品经营活动。

第三章 生产者、销售者的产品质量责任和义务

第一节 生产者的产品质量责任和义务

第二十六条 生产者应当对其生产的产品质量负责。产品质量应当符合下列

要求。

（一） 不存在危及人身、财产安全的不合理的危险，有保障人体健康和人身、财产安全的国家标准、行业标准的，应当符合该标准。

（二） 具备产品应当具备的使用性能，但是，对产品存在使用性能的瑕疵作出说明的除外。

（三） 符合在产品或者其包装上注明采用的产品标准，符合以产品说明、实物样品等方式表明的质量状况。

第二十七条 产品或者其包装上的标识必须真实，并符合下列要求。

（一） 有产品质量检验合格证明。

（二） 有中文标明的产品名称、生产厂厂名和厂址。

（三） 根据产品的特点和使用要求，需要标明产品规格、等级、所含主要成分的名称和含量的，用中文相应予以标明；需要事先让消费者知晓的，应当在外包装上标明，或者预先向消费者提供有关资料。

（四） 限期使用的产品，应当在显著位置清晰地标明生产日期和安全使用期或者失效日期。

（五） 使用不当，容易造成产品本身损坏或者可能危及人身、财产安全的产品，应当有警示标志或者中文警示说明。裸装的食品和其他根据产品的特点难以附加标识的裸装产品，可以不附加产品标识。

第二十八条 易碎、易燃、易爆、有毒、有腐蚀性、有放射性等危险物品以及储运中不能倒置和其他有特殊要求的产品，其包装质量必须符合相应要求，依照国家有关规定作出警示标志或者中文警示说明，标明储运注意事项。

第二十九条 生产者不得生产国家明令淘汰的产品。

第三十条 生产者不得伪造产地，不得伪造或者冒用他人的厂名、厂址。

第三十一条 生产者不得伪造或者冒用认证标志等质量标志。

第三十二条 生产者生产产品，不得掺杂、掺假，不得以假充真、以次充好、不得以不合格产品冒充合格产品。

第二节 销售者的产品质量责任和义务

第三十三条 销售者应当建立并执行进货检查验收制度，验明产品合格证明和其他标识。

第三十四条 销售者应当采取措施，保持销售产品的质量。

第三十五条 销售者不得销售国家明令淘汰并停止销售的产品和失效、变质的产品。

第三十六条 销售者销售的产品的标识应当符合本法第二十七条的规定。

第三十七条 销售者不得伪造产地，不得伪造或者冒用他人的厂名、厂址。

第三十八条 销售者不得伪造或者冒用认证标志等质量标志。

第三十九条 销售者销售产品、不得掺杂、掺假，不得以假充真、以次充好，不得以不合格产品冒充合格产品。

第四章 损害赔偿

第四十条 售出的产品有下列情形之一的，销售者应当负责修理、更换、退货，给购买产品的消费者造成损失的，销售者应当赔偿损失。

（一） 不具备产品应当具备的使用性能而事先未作说明的。

（二） 不符合在产品或者其包装上注明采用的产品标准的。

（三） 不符合以产品说明、实物样品等方式表明的质量状况的。销售者依照前款规定负责修理、更换、退货、赔偿损失后，属于生产者的责任或者属于向销售者提供产品的其他销售者（以下简称供货者）的责任的，销售者有权向生产者，供货者追偿。销售者未按照第一款规定给予修理、更换、退货或者赔偿损失的，由产品质量监督部门或者工商行政管理部门责令改正。生产者之间、销售者之间，生产者与销售者之间订立的买卖合同、承揽合同有不同约定的，合同当事人按照合同约定执行。

第四十一条　因产品存在缺陷造成人身、缺陷产品以外的其他财产（以下简称他人财产）损害的，生产者应当承担赔偿责任。生产者能够证明有下列情形之一的，不承担赔偿责任：

（一）未将产品投入流通的；

（二）产品投入流通时，引起损害的缺陷尚不存在的；

（三）将产品投入流通时的科学技术水平尚不能发现缺陷的存在的。

第四十二条　由于销售者的过错使产品存在缺陷，造成人身、他人财产损害的，销售者应当承担赔偿责任。销售者不能指明缺陷产品的生产者也不能指明缺陷产品的供货者的，销售者应当承担赔偿责任。

第四十三条　因产品存在缺陷造成人身、他人财产损害的，受害人可以向产品的生产者要求赔偿，也可以向产品的销售者要求赔偿。属于产品的生产者的责任，产品的销售者赔偿的，产品的销售者有权向产品的生产者追偿。

属于产品的销售者的责任，产品的生产者赔偿的，产品的生产者有权向产品的销售者追偿。

第四十四条　因产品存在缺陷造成受害人人身伤害的，侵害人应当赔偿医疗费、治疗期间的护理费、因误工减少的收入等费用；造成残疾的，还应当支付残疾者生活自助具费、生活补助费、残疾赔偿金以及由其扶养的人所必需的生活费等费用；造成受害人死亡的，并应当支付丧葬费、死亡赔偿金以及由死者生前扶养的人所必需的生活费等费用。因产品存在缺陷造成受害人财产损失的，侵害人应当恢复原状或者折价赔偿。受害人因此遭受其他重大损失的，侵害人应当赔偿损失。

第四十五条　因产品存在缺陷造成损害要求赔偿的诉讼时效期间为二年，自当事人知道或者应当知道其权益受到损害时起计算。因产品存在缺陷造成损害要求赔偿的请求权，在造成损害的缺陷产品交付最初消费者满十年丧失；但是，尚未超过明示的安全使用期的除外。

第四十六条　本法所称缺陷，是指产品存在危及人身、他人财产安全的不合理的危险；产品有保障人体健康和人身、财产安全的国家标准、行业标准的，是指不符合该标准。

第四十七条　因产品质量发生民事纠纷时，当事人可以通过协商或者调解解决。当事人不愿通过协商、调解解决或者协商、调解不成的，可以根据当事人各方的协议向仲裁机构申请仲裁；当事人各方没有达成仲裁协议或者仲裁协议无效的，可以直接向人民法院起诉。

第四十八条　仲裁机构或者人民法院可以委托本法第十九条规定的产品质量检验机构，对有关产品质量进行检验。

第五章　罚则

第四十九条　生产、销售不符合保障人体健康和人身、财产安全的国家标准、行业标准的产品的，责令停止生产、销售，没收违法生产、销售的产品，并处违法生产、销售产品（包括已售出和未售出的产品，下同）货值金额等值以上三倍以下的罚款；有违法所得的，并处没收违法所得；情节严重的，吊销营业执照；构成犯罪的，依法追究刑事责任。

第五十条　在产品中掺杂、掺假，以假充真，以次充好，或者以不合格产品冒充合格产品的，责令停止生产、销售，没收违法生产、销售的产品，并处违法生产、销售产品货值金额百分之五十以上三倍以下的罚款，有违法所得的，并处没收违法所得，情节严重的、吊销营业执照、构成犯罪的、依法追究刑事责任。

第五十一条 生产国家明令淘汰的产品的，销售国家明令淘汰并停止销售的产品的，责令停止生产、销售。没收违法生产、销售的产品，并处违法生产、销售产品货值金额等值以下的罚款，有违法所得的，并处没收违法所得，情节严重的，吊销营业执照。

第五十二条 销售失效、变质的产品的，责令停止销售，没收违法销售的产品.并处违法销售产品货值金额二倍以下的罚款；有违法所得的，并处没收违法所得；情节严重的，吊销营业执照，构成犯罪的，依法追究刑事责任。

第五十三条 伪造产品产地的，伪造或者冒用他人厂名、厂址的，伪造或者冒用认证标志等质量标志的，责令改正，没收违法生产、销售的产品。并处违法生产、销售产品货值金额等值以下的罚款，有违法所得的，并处没收违法所得，情节严重的，吊销营业执照。

第五十四条 产品标识不符合本法第二十七条规定的，责令改正；有包装的产品标识不符合本法第二十七条第（四）项、第（五）项规定；情节严重的，责令停止生产、销售，并处违法生产、销售产品货值金额百分之三十以下的罚款、有违法所得的，并处没收违法所得。

第五十五条 销售者销售本法第四十九条至第五十三条规定禁止销售的产品，有充分证据证明其不知道该产品为禁止销售的产品并如实说明其进货来源的，可以从轻或者减轻处罚。

第五十六条 拒绝接受依法进行的产品质量监督检查的，给予警告，责令改正，拒不改正的，责令停业整顿，情节特别严重的，吊销营业执照。

第五十七条 产品质量检验机构、认证机构伪造检验结果或者出具虚假证明的，责令改正，对单位处五万元以上十万元以下的罚款，对直接负责的主管人员和其他直接责任人员处一万元以上五万元以下的罚款；有违法所得的，并处没收违法所得、情节严重的、取消其检验资格、认证资格；构成犯罪的，依法追究刑事责任。产品质量检验机构、认证机构出具的检验结果或者证明不实，造成损失的，应当承担相应的赔偿责任；造成重大损失的，撤销其检验资格、认证资格。产品质量认证机构违反本法第二十一条第二款的规定，对不符合认证标准而使用认证标志的产品，未依法要求其改正或者取消其使用认证标志资格的，对因产品不符合认证标准给消费者造成的损失，与产品的生产者、销售者承担连带责任；情节严重的，撤销其认证资格。

第五十八条 社会团体、社会中介机构对产品质量作出承诺、保证，而该产品又不符合其承诺、保证的质量要求，给消费者造成损失的，与产品的生产者、销售者承担连带责任。

第五十九条 在广告中对产品质量作虚假宣传，欺骗和误导消费者的，依照《中华人民共和国广告法》的规定追究法律责任。

第六十条 对生产者专门用于生产本法第四十九条、第五十一条所列的产品或者以假充真的产品的原辅材料、包装物、生产工具，应当予以没收。

第六十一条 知道或者应当知道属于本法规定禁止生产、销售的产品而为其提供运输、保管、仓储等便利条件的，或者为以假充真的产品提供制假生产技术的，没收全部运输、保管、仓储或者提供制假生产技术的收入，并处违法收入百分之五十以上三倍以下的罚款，构成犯罪的，依法追究刑事责任。

第六十二条 服务业的经营者将本法第四十九条至第五十二条规定禁止销售的产品用于经营性服务的，责令停止使用，对知道或者应当知道所使用的产品属于本法规定禁止销售的产品的，按照违法使用的产品（包括已使用和尚未使用的产品）的货值金额，依照本法对销售者的处罚规定处罚。

第六十三条 隐匿、转移、变卖、损毁被产品质量监督部门或者工商行政管理部门查封、扣押的物品的，处被隐匿、转移、变卖、损毁物品货值金额等值以上三倍以下的罚款；有违法所得的，并处没收违法所得。

第六十四条 违反本法规定，应当承担民事赔偿责任和缴纳罚款、罚金，其财产不足以同时支付时，先承担民事赔偿责任。

第六十五条 各级人民政府工作人员和其他国家机关工作人员有下列情形之一的，依法给予行政处分；构成犯罪的，依法追究刑事责任。

（一）包庇、放纵产品生产、销售中违反本法规定行为的；

（二）向从事违反本法规定的生产、销售活动的当事人通风报信，帮助其逃避查处的；

（三）阻挠、干预产品质量监督部门或者工商行政管理部门依法对产品生产、销售中违反本法规定的行为进行查处，造成严重后果的。

第六十六条 产品质量监督部门在产品质量监督抽查中超过规定的数量索取样品或者向被检查人收取检验费用的，由上级产品质量监督部门或者监察机关责令退还；情节严重的，对直接负责的主管人员和其他直接责任人员依法给予行政处分。

第六十七条 产品质量监督部门或者其他国家机关违反本法第二十五条的规定，向社会推荐生产者的产品或者以监制、监销等方式参与产品经营活动的，由其上级机关或者监察机关责令改正，消除影响，有违法收入的予以没收；情节严重的，对直接负责的主管人员和其他直接责任人员依法给予行政分。产品质量检验机构有前款所列违法行为的，由产品质量监督部门责令改正，消除影响，有违法收入的予以没收，可以并处违法收入一倍以下的罚款；情节严重的，撤销其质量检验资格。

第六十八条 产品质量监督部门或者工商行政管理部门的工作人员滥用职权、玩忽职守，徇私舞弊，构成犯罪的，依法追究刑事责任；尚不构成犯罪的，依法给予行政处分。

第六十九条 以暴力、威胁方法阻碍产品质量监督部门或者工商行政管理部门的工作人员依法执行职务的，依法追究刑事责任；拒绝、阻碍未使用暴力、威胁方法的，由公安机关依照治安管理处罚条例的规定处罚。

第七十条 本法规定的吊销营业执照的行政处罚由工商行政管理部门决定。本法第四十九条至第五十七条、第六十条至第六十三条规定的行政处罚由产品质量监督部门或者工商行政管理部门按照国务院规定的职权范围决定。

法律、行政法规对行使行政处罚权的机关另有规定的，依照有关法律、行政法规的规定执行。

第七十一条 对依照本法规定没收的产品，依照国家有关规定进行销毁或者采取其他方式处理。

第七十二条 本法第四十九条至第五十四条、第六十二条、第六十三条所规定的货值金额以违法生产，销售产品的标价计算，没有标价的，按照同类产品的市场价格计算。

第六章 附则

第七十三条 军工产品质量监督管理办法，由国务院、中央军事委员会另行制定。因核设施、核产品造成损害的赔偿责任，法律、行政法规另有规定的，依照其规定。

第七十四条　本法自一九九三年九月一日起施行。

附件三　中华人民共和国标准化法

由中华人民共和国第七届全国人民代表大会常务委员会第五次会议于 1988 年 12 月 29 日通过并公布，自 1989 年 4 月 1 日起施行。为了发展社会主义商品经济，促进技术进步，改进产品质量，提高社会经济效益，维护国家和人民的利益，使标准化工作适应社会主义现代化建设和发展对外经济关系的需要，制定本法。对标准的制定、实施及法律责任进行了说明，本法实施条例由国务院制定。全文共五章二十六条。

第一章　总则

第一条　为了发展社会主义商品经济，促进技术进步，改进产品质量，提高社会经济效益，维护国家和人民的利益，使标准化工作适应社会主义现代化建设和发展对外经济关系的需要，制定本法。

第二条　对下列需要统一的技术要求，应当制定标准。

（一）工业产品的品种、规格、质量、等级或者安全、卫生要求。

（二）工业产品的设计、生产、检验、包装、储存、运输、使用的方法或者生产、储存、运输过程中的安全、卫生要求。

（三）有关环境保护的各项技术要求和检验方法。

（四）建设工程的设计、施工方法和安全要求。

（五）有关工业生产、工程建设和环境保护的技术术语、符号、代号和制图方法。重要农产品和其他需要制定标准的项目，由国务院规定。

第三条　标准化工作的任务是制定标准、组织实施标准和对标准的实施进行监督。标准化工作应当纳入国民经济和社会发展计划。

第四条　国家鼓励积极采用国际标准。

第五条　国务院标准化行政主管部门统一管理全国标准化工作。国务院有关行政主管部门分工管理本部门、本行业的标准化工作。

省、自治区、直辖市标准化行政主管部门统一管理本行政区域的标准化工作。省、自治区、直辖市政府有关行政主管部门分工管理本行政区域内本部门、本行业的标准化工作。

市、县标准化行政主管部门和有关行政主管部门，按照省、自治区、直辖市政府规定的各自的职责，管理本行政区域内的标准化工作。

第二章　标准的制定

第六条　对需要在全国范围内统一的技术要求，应当制定国家标准。国家标准由国务院标准化行政主管部门制定。对没有国家标准而又需要在全国某个行业范围内统一的技术要求，可以制定行业标准。行业标准由国务院有关行政主管部门制定，并报国务院标准化行政主管部门备案，在公布国家标准之后，该项行业标准即行废止。

对没有国家标准和行业标准而又需要在省、自治区、直辖市范围内统一的工业产品的安全、卫生要求，可以制定地方标准。地方标准由省、自治区、直辖市标准化行政主管部门制定，并报国务院标准化行政主管部门和国务院有关行政主管部门备案，在公布国家标准或者行业标准之后，该项地方标准即行废止。企业生产的产品没有国家标准和行业标准的，应当制定企业标准，作为组织生产的依据。企业的产品标准须报当地政府标准化行政主管部门和有关行政主管部门备案。已有国家标准或者行业标准的，国家鼓励企业制定严于国家标准或者行业标准的企业标准，在企业内部适用。

法律对标准的制定另有规定的，依照法律的规定执行。

第七条　国家标准、行业标准分为强制性标准和推荐性标准。保障人体健康，人身、财产安全的标准和法律、行政法规规定强制执行的标准是强制性标准，其他标准是推荐性标准。

省、自治区、直辖市标准化行政主管部门制定的工业产品的安全、卫生要求的地方标准，在本行政区域内是强制性标准。

第八条　制定标准应当有利于保障安全和人民的身体健康，保护消费者的利益保护环境。

第九条　制定标准应当有利于合理利用国家资源，推广科学技术成果，提高经济效益，并符合使用要求，有利于产品的通用互换，做到技术上先进，经济上合理。

第十条　制定标准应当做到有关标准的协调配套。

第十一条　制定标准应当有利于促进对外经济技术合作和对外贸易。

第十二条　制定标准应当发挥行业协会、科学研究机构和学术团体的作用。制定标准的部门应当组织由专家组成的标准化技术委员会，负责标准的草拟，参加标准草案的审查工作。

第十三条　标准实施后，制定标准的部门应当根据科学技术的发展和经济建设的需要适时进行复审，以确认现行标准继续有效或者予以修订、废止。

第三章　标准的实施

第十四条　强制性标准，必须执行。不符合强制性标准的产品，禁止生产、销售和进口。推荐性标准，国家鼓励企业自愿采用。

第十五条　企业对有国家标准或者行业标准的产品，可以向国务院标准化行政主管部门或者国务院标准化行政主管部门授权的部门申请产品质量认证。认证合格的，由认证部门授予认证书，准许在产品或者其包装上使用规定的认证标志。已经取得认证证书的产品不符合国家标准或者行业标准的，以及产品未经认证或者认证不合格的，不得使用认证标志出厂销售。

第十六条　出口产品的技术要求，依照合同的约定执行。

第十七条　企业研制新产品、改进产品，进行技术改造，应当符合标准化要求。

第十八条　县级以上政府标准化行政主管部门负责对标准的实施进行监督检查。

第十九条　县级以上政府标准化行政主管部门，可以根据需要设置检验机构，或者授权其他单位的检验机构，对产品是否符合标准进行检验。法律、行政法规对检验机构另有规定的，依照法律、行政法规的规定执行。

处理有关产品是否符合标准的争议，以前款规定的检验机构的检验数据为准。

第四章　法律责任

第二十条　生产、销售、进口不符合强制性标准的产品的，由法律、行政法规规定的行政主管部门依法处理，法律、行政法规未作规定的，由工商行政管理部门没收产品和违法所得，并处罚款，造成严重后果构成犯罪的，对直接责任人员依法追究刑事责任。

第二十一条　已经授予认证证书的产品不符合国家标准或者行业标准而使用认证标志出厂销售的，由标准化行政主管部门责令停止销售，并处罚款。情节严重的，由认证部门撤销其认证证书。

第二十二条　产品未经认证或者认证不合格而擅自使用认证标志出厂销售的，由标准化行政主管部门责令停止销售，并处罚款。

第二十三条　当事人对没收产品、没收违法所得和罚款的处罚不服的，可以在接到处罚通知之日起十五日内，向作出处罚决定的机关的上一级机关申请复议，对复议决定不服的，可以在接到复议决定之日起十五日内，向人民法院起诉。当事人也可以在接到处罚通知之日起十五日内，直接向人民法院起诉。当事人逾期不申请复议或者不向人民法院起诉又不履行处罚决定的，由作出处罚决定的机关申请人民法院强制执行。

第二十四条　标准化工作的监督、检验、管理人员违法失职、徇私舞弊的，给予行政处分，构成犯罪的，依法追究刑事责任。

第五章　附则

第二十五条　本法实施条例由国务院制定。

第二十六条　本法自一九八九年四月一日起施行。

任务一、二　职业道德案例分析

<table>
<tr><td>教学班级</td><td colspan="2"></td><td>教学时间</td><td></td><td>指导老师</td><td></td></tr>
<tr><td>姓名</td><td colspan="2"></td><td>学号</td><td></td><td>日期</td><td></td></tr>
<tr><td rowspan="2">教学目标</td><td colspan="2">职业能力</td><td colspan="2">通用能力</td><td colspan="2">素质目标</td></tr>
<tr><td colspan="2">1. 能叙述分析人员基本素养要求。
2. 能够对自己将来从事的行业进行定位</td><td colspan="2">1. 分析问题能力。
2. 归纳的能力。
3. 主动获取信息的能力。
4. 团队合作能力</td><td colspan="2">1. 良好的心理素质、职业道德素质和行为规范。
2. “严谨细致、诚实守信、实事求是”的品德</td></tr>
<tr><td>任务前提</td><td colspan="6">对工业分析与质量检验专业有一定的认识</td></tr>
<tr><td>信息来源</td><td colspan="6">学材、讲义、相关实验操作视频；
相关仪器、网络信息等</td></tr>
<tr><td>要求</td><td colspan="6">学生分组、共同讨论完成工作任务；
小组中要鼓励各组员发表自己的意见，允许多种意见的存在；
组员发表意见后要决策出最佳的方案；
组员发挥想象能力展示本组方案</td></tr>
<tr><td>学习步骤</td><td colspan="6">(1) 每6人一小组，通过学材、教辅、网络等资源共同查阅相关资料；
(2) 获取必要信息、知识；
(3) 各小组成员发表自己的意见，再选出一个能代表小组整体意见的方案；
(4) 把方案以海报的形式展示出来，并讲解；
(5) 自我评价、相互评价、教师评价</td></tr>
<tr><td>准备阶段</td><td colspan="6">【知识准备】
一、填空题
1. 职业道德是________________________________。
2. 职业道德的重要特征是________________，________________，________________，________________。
二、多项选择题
1. 面对目前越来越多的择业机会，在以下说法中，你认为可取的是（　　）。
A. 树立干一行、爱一行、专一行的观念
B. 多转行，多学习知识，多受锻炼
C. 可以转行，但不可盲目，否则不利于成长
D. 干一行就要干到底，否则就是缺少职业道德
2. 下列有关爱岗敬业的说法中，正确的是（　　）。
A. 爱岗敬业就是一辈子不换岗
B. 孔子所说的“敬事而信”，包含着爱岗敬业的观念
C. 提倡爱岗敬业，在某种程度上会遏制人们的创造热情
D. 职业选择自由与爱岗敬业不矛盾</td></tr>
</table>

续表

准备阶段	3. 下列选项中符合实事求是、坚持原则的原则的是（　　）。 A. 顾全大局，服从上级 B. 秉公执法，不徇私情 C. 知人善任，培养亲信 D. 原则至上，不计得失 4. 符合坚持真理要求的是（　　）。 A. 坚持实事求是的原则 B. 尊敬师长就是坚持真理 C. 敢于挑战权威 D. 多数人认为正确的就是真理 5. 你认为职业技能的形成主要依赖于（　　）。 A. 人的职业实践活动 B. 人际关系 C. 人的先天生理条件 D. 接受教育的程度 6. 关于爱岗与敬业的论述，你认为正确的是（　　）。 A. 爱岗与敬业是相互联系的 B. 敬业不一定爱岗 C. 爱岗敬业是现代企业精神 D. 爱岗不一定敬业 7. 单位有不许吸烟的规定，假如你有吸烟的习惯，你觉得哪种做法是错误的？（　　）。 A. 有人监督时就遵守 B. 不吸烟 C. 工作极度疲劳时偶尔吸一支 D. 若有人递烟就抽 8. 关于职业纪律的正确表述是（　　）。 A. 每个从业人员开始工作前，就应明确职业纪律 B. 从业人员只有在工作过程中才能明白职业纪律的重要性 C. 从业人员违反职业纪律造成损失，要追究其责任 D. 职业纪律是企业内部的规定，与国家法律无关
计划阶段	**【案例分析 1】**晚上，小明到家时脸色有些不对，小明老婆问他：“怎么了，不舒服？”小明回答：“我违反劳动纪律了。”老婆问：“挨批了？”小明点点头：“不光挨批了，还被扣了奖金。”小明老婆惊讶地问道：“这么严重，到底怎么回事呀？你给我讲清楚！”小明叹气：“刚上班时，没什么事，小吴、小丁他们就聊起年底发完奖金怎么应对老婆。我上进，不想听，就戴上耳机听音乐，然后又怕自己走神，说出点什么，就抓了把瓜子占住嘴巴，结果很不幸被领导撞上了。”

续表

<table>
<tr><td rowspan="6">计划阶段</td><td rowspan="6">小组成员</td><td>姓　名</td><td>意　见</td></tr>
<tr><td></td><td></td></tr>
<tr><td></td><td></td></tr>
<tr><td></td><td></td></tr>
<tr><td></td><td></td></tr>
<tr><td></td><td></td></tr>
<tr><td>任务实施</td><td colspan="3">1. 你认为本文中的主人公小明不幸吗？
2. 你认为小明为什么被处罚？
3. 如果你是小明，面对小明遇到的情况你会怎样处理？</td></tr>
<tr><td>计划阶段</td><td colspan="3">【案例分析 2】2 月 14 号下午 5：29，小李办公室的领导都出差了，化验室的检验工作也完成了，看到离 5：30 下班时间仅剩 1 分钟了，小李连袋子都整理好就等那 1 分钟赶紧到他可以打卡下班。当他心里正美滋滋地想着今晚的约会时，突然，办公室的电话响了，小李好犹豫啊!!! 要不要接电话呢？现在临近下班，如果接了，遇到是生产线上的质量问题需要马上检验出结果的，他就得留下来加班，那今天这么重要的日子的约会就泡汤了。假如你是小李，你会如何选择呢？</td></tr>
</table>

续表

<table>
<tr><td rowspan="6">计划阶段</td><td rowspan="6">小组成员</td><td>姓　名</td><td>主要意见</td></tr>
<tr><td></td><td></td></tr>
<tr><td></td><td></td></tr>
<tr><td></td><td></td></tr>
<tr><td></td><td></td></tr>
<tr><td></td><td></td></tr>
<tr><td>任务实施</td><td colspan="3">1. 请各个小组根据上述情况列出各自可能会想到的处理方法，并写明如果你选择某种方法对你产生的影响（好处、坏处）。
2. 在你们想到的处理方法中，选出你们小组认为最优的方法。
3. 将第1、2点的问题以海报的形式展示出来。</td></tr>
</table>

任务分享与总结	1. 请各小组派出成员分享各自的做法。(写出分享的思路或是步骤) 2. 从这个案例中你有什么收获? 3. 在方案、海报和展示的环节中,你认为什么比较重要?

模块2　工作中的安全与健康保护学生工作页

<table>
<tr><td colspan="7">任务　工作中的安全案例分析</td></tr>
<tr><td colspan="2">教学班级</td><td></td><td>教学时间</td><td></td><td>指导老师</td><td></td></tr>
<tr><td colspan="2">姓名</td><td></td><td>学号</td><td></td><td>日期</td><td></td></tr>
<tr><td rowspan="2">教学目标</td><td colspan="2">职业能力</td><td colspan="2">通用能力</td><td colspan="2">素质目标</td></tr>
<tr><td colspan="2">1. 懂得在工作中进行自我保护。
2. 能够预防与简单处理用电与用火的安全事故。
3. 能够预防与简单处理化验室烧伤及化学灼伤事故</td><td colspan="2">1. 保持工作环境清洁、有序的能力。
2. 发生意外事故时，能在较短时间内采用适当急救措施的能力。
3. 防止事故进一步扩大能力，能够配合有关部门做好善后工作的能力</td><td colspan="2">1. 认真仔细的工作态度。
2. 文明规范的操作习惯。
3. 树立安全工作的思想。
4. 会6S管理体系</td></tr>
<tr><td>任务前提</td><td colspan="6">认识安全生产规章制度和操作规程；用火安全事故的预防与处理</td></tr>
<tr><td>信息来源</td><td colspan="6">学材、讲义、相关实验操作视频；
相关仪器、网络信息等</td></tr>
<tr><td>要求</td><td colspan="6">学生要积极参与讨论，发表自己的意见，允许多种意见的存在；
学生要有相应的用电、用火安全知识准备；
学生在案例分析中要吸取教训，避免同类事情发生在自己身上</td></tr>
<tr><td>学习步骤</td><td colspan="6">(1) 通过学材、教师的讲授、教辅、网络等资源共同查阅相关资料；
(2) 获取必要信息、知识；
(3) 学生发表自己的意见；
(4) 自我评价、相互评价、教师评价</td></tr>
<tr><td>准备阶段</td><td colspan="6">【知识准备】
一、填空题
1. 泡沫灭火器可用于________，________，________等；不可用于________，________，________，________。
2. 毒物是指____物质。
3. 烧伤包括烫伤和火伤，它是由灼热的________、________、________、电热等对人体引起的损伤。烧伤按深度不同分为三度，即________、________、________和________。
4. 分析人员在取用化学药品时，为防止化学灼伤应戴防护手套，用药匙或镊子，切忌________。取强腐蚀性类药品时，除戴防护手套外，还应戴上________和________等。
5. 打开氨水、盐酸、硝酸、乙醚等药瓶封口时，应先________，用________冷却后，再开动瓶塞，以防溅出引发灼伤事故。
6. 化学灼伤是由________对人体引起的损伤，急救应根据________进行处理。</td></tr>
</table>

准备阶段	7. 发生化学灼伤时，首先应迅速解开衣服，清除皮肤上的________，用大量的________冲洗，再以适合于消除这种________的特种试剂、溶剂或药剂仔细处理伤处。 8. 毒物侵入人体主要有以下三种途径，即________、________、________。 9. 毒物无论以何种途径进入人体，都是随________流入人体的各器官而中毒。 **二、判断题**（正确的在括号内划“√”，错误的划“×”） 1. 三度（重度）烧伤指损伤表皮和真皮层，皮肤起水疱，疼痛，水肿明显。（　　） 2. 一度（轻微）烧伤后应立即用冷水浸烧伤处，再用0.1%新洁而灭消毒，以保护创伤面不受感染。（　　） 3. 稀释浓硫酸时，为避免化学灼伤应将水慢慢倒入硫酸中，同时不断搅拌。（　　） 4. 酸灼伤后先用大量水冲洗患处，然后用2%乙酸冲洗或撒上硼酸粉，最后用消毒纱布包扎。（　　） 5. 氢氰酸灼伤后，先用高锰酸钾溶液洗，再用硫化铵溶液漂洗（　　） **三、问答题** 1. 氢氧化钠、氢氧化钾灼伤该如何进行急救？ 2. 毒物经口服而中毒如何急救？

案例分析	**【案例分析】** 2013年3月，某厂化验室进行粗酚中的酚及同系物实验，需要进行蒸馏，切取200～300℃的馏出物，化验室中还有一台用于进行有机物分析的贵重仪器。在蒸馏时化验员小张眼看下班时间快到了，为了加快蒸馏速度，把电炉上的石棉网取下，而且烧瓶内的液体体积也超过烧瓶容积的2/3，当煤油沸腾后，烧瓶忽然碎裂，煤油在电炉上剧烈燃烧起来，顿时大火夹杂着浓烟笼罩整个化验室，化验员惊慌失措，大声喊叫。这时正在走廊干活的其他人员见状，马上使用灭火器将大火扑灭。扑灭后的现场一片狼藉。从起火到火灭不到2min，如果再耽误一点时间，附近电线和物品将被点燃，将酿成更大火灾。鉴于事态的严重性，小张被通报批评并处罚半年奖金。根据案例请你分析以下问题。 1. 从小张的操作中，你认为他有哪些不恰当的地方呢。 2. 假如当时你在现场，你会使用什么灭火器进行灭火？扑救火灾我们要依据什么原则？ 3. 小张被通报批评并处罚半年奖金，他违反了什么呢？你认为小张接下来应该怎样做呢？

模块 3 试样的采集与制备学生工作页

<table>
<tr><td colspan="6">任务一 制备鸡蛋壳样品</td></tr>
<tr><td colspan="2">教学班级</td><td></td><td>教学时间</td><td></td><td>指导老师</td><td></td></tr>
<tr><td colspan="2">姓名</td><td></td><td>学号</td><td></td><td>日期</td><td></td></tr>
<tr><td rowspan="2">教学目标</td><td colspan="2">职业能力</td><td colspan="2">通用能力</td><td colspan="2">素质目标</td></tr>
<tr><td colspan="2">1. 能叙述气、固、液体采样方案制订的原则和安全知识。
2. 叙述气、固、液体样品采集的方法，能根据样品的特点选择合适的方法。
3. 能够独立制备和保存样品</td><td colspan="2">1. 能够根据环境的变化，选择合适方法的能力。
2. 主动获取信息的能力。
3. 有关操作规范的思维意识。
4. 团队合作能力</td><td colspan="2">1. 探究问题的思维方式。
2. 灵活应变的能力。
3. 调动学生参与方法的形成过程，积极主动学习</td></tr>
<tr><td>任务前提</td><td colspan="6">固体试样的采集方法、固体试样的制备知识</td></tr>
<tr><td>信息来源</td><td colspan="6">学材、讲义、相关实验操作视频；
相关仪器、网络信息等</td></tr>
<tr><td>要求</td><td colspan="6">学生分组、时分时合共同完成工作任务；
小组中要共同做好制备方案，确保方案的可操作性；
小组成员之间、小组与小组之间进行相互的监督与评价；
学生要做样品，最后要汇总到教师处混匀并集中保存</td></tr>
<tr><td>学习步骤</td><td colspan="6">(1) 每 5 人一小组，通过教材、教辅、网络等资源共同查阅相关资料；
(2) 获取必要信息、知识；
(3) 在教师引导下各小组各自完成工作页中知识内容；
(4) 师生相互讨论、总结；
(5) 自我评价、相互评价、教师评价</td></tr>
<tr><td>准备阶段</td><td colspan="6">【知识准备】
1. 采样的原则是：________________________________。
2. 子样是：________________________________。
3. 分析化验单位是：________________________________。
4. 物料的颗粒愈大，则最低采样量也愈________；物料的颗粒愈小，则最低采样量也愈________。
5. 气体采样装置一般有________________________________。
6. 固体试样的制备的步骤：________________________________。
7. 物料过筛，易分解的试样过________________目筛，难分解的试样过____________目筛。
8. 列出四种缩分方法：________________；________________；____________；________________。</td></tr>
</table>

续表

<table>
<tr><td>准备阶段</td><td colspan="3">9. 已知铝锌矿的 $K=0.1$，$a=2$。
$$Q=Kd^a$$
（1）采取的原始试样最大的颗粒直径为 30mm。问：最少应采样多少千克（kg）才具有代表性？
（2）如果要求最后所得试样不超过 100g，问，试样应通过筛孔的直径为几毫米？

10. 某个火力发电厂每天以装载量 5t 的汽车运来的煤为 2500t。若某天煤质灰分为 20%，问应相隔几部车采集一个子样？</td></tr>
<tr><td rowspan="7">计划阶段</td><td colspan="3">**【任务描述】**
某生产钙镁营养品的医药公司为了节约成本，希望利用鸡蛋壳中的钙镁成分。现进行前期的研究工作，需要测定鸡蛋壳中的钙镁含量，请你制备鸡蛋壳样品，使之适合用于实验（200 目筛）</td></tr>
<tr><td rowspan="5">人员分工</td><td>姓　名</td><td>负 责 工 作</td></tr>
<tr><td></td><td></td></tr>
<tr><td></td><td></td></tr>
<tr><td></td><td></td></tr>
<tr><td></td><td></td></tr>
<tr><td>师生讨论确定方案</td><td colspan="2">1. 小组派出代表展示本组的任务计划及实验方案。
2. 各小组参加讨论。
3. 教师引导总结。
4. 各组确定实验方案并准备实施</td></tr>
</table>

续表

任务实施	**【制样准备】**（样品、工具等） 样品制备步骤：
结果反思	难点： 成功之处： 不足之处：

续表

<table>
<tr><td colspan="6">任务二　分解鸡蛋壳样品</td></tr>
<tr><td>教学班级</td><td></td><td>教学时间</td><td></td><td>指导老师</td><td></td></tr>
<tr><td>姓名：</td><td></td><td>学号</td><td></td><td>日期</td><td></td></tr>
<tr><td rowspan="2">教学目标</td><td>职业能力</td><td colspan="3">通用能力</td><td>素质目标</td></tr>
<tr><td>1. 能区分样品的分解方法。
2. 能选择合适的方法分解样品。
3. 能独立地完成样品的分解操作</td><td colspan="3">1. 能够根据环境的变化，选择合适方法的能力。
2. 主动获取信息的能力。
3. 有关操作规范的思维意识</td><td>1. 探究问题的思维方式。
2. 灵活应变的能力。
3. 调动学生参与方法的形成过程，积极主动学习</td></tr>
<tr><td>任务前提</td><td colspan="5">固体试样的采集方法、固体试样的制备知识、试样的分解方法、积极主动的学习态度</td></tr>
<tr><td>信息来源</td><td colspan="5">学材、讲义、相关实验操作视频；
相关仪器、网络信息等</td></tr>
<tr><td>要求</td><td colspan="5">每位同学必须完成一份样品的分解实验；
使用酸碱时要注意安全</td></tr>
<tr><td>学习步骤</td><td colspan="5">(1) 通过教材、教辅、网络等资源共同查阅相关资料；
(2) 获取必要信息、知识；
(3) 在教师引导下各小组各自完成工作页中知识内容；
(4) 师生相互讨论、总结；
(5) 完成样品的分解实验</td></tr>
<tr><td>准备阶段</td><td colspan="5">【知识准备】
1. 无机试样的分解方法有：________；________；________。
2. 有机试样的分解方法有：________；________。
3. 有哪些材料的坩埚：(请列5种) ________；________；________；________；________。
4. 请分析无机试样分解方法的优、缺点？</td></tr>
</table>

<table>
<tr><td rowspan="2">准备
阶段</td><td colspan="3">5. 熔融法中 Na_2O_2 有什么作用?</td></tr>
<tr><td colspan="3">6. 分解试样时必须注意哪些问题?</td></tr>
<tr><td rowspan="9">计划
阶段</td><td colspan="3">【任务描述】
品质部已经制备好鸡蛋壳样品送往检测中心，你作为检测中心的分析检验人员要对样品进行分解，请你选择方便、快捷、节省的方法对样品进行分解。</td></tr>
<tr><td rowspan="6">人员
分工</td><td>姓　　名</td><td>负 责 工 作</td></tr>
<tr><td></td><td></td></tr>
<tr><td></td><td></td></tr>
<tr><td></td><td></td></tr>
<tr><td></td><td></td></tr>
<tr><td></td><td></td></tr>
<tr><td>列出所有分解鸡蛋壳的方法</td><td colspan="2"></td></tr>
<tr><td>师生讨论确定方案</td><td colspan="2">1. 小组派出代表展示本组的任务计划及实验方案。
2. 各小组参加讨论。
3. 教师引导总结。
4. 各组确定实验方案并准备实施</td></tr>
</table>

续表

任务实施	分解样品准备：（试剂、仪器等） 样品分解步骤：
结果反思	难点： 成功之处： 不足之处：

模块 4　物质的分离与提纯学生工作页

<table>
<tr><td colspan="6">任务一　水煮西红柿汤和有油西红柿汤的启示</td></tr>
<tr><td>教学班级</td><td></td><td>教学时间</td><td></td><td>指导老师</td><td></td></tr>
<tr><td>姓名</td><td></td><td>学　号</td><td></td><td>日期</td><td></td></tr>
<tr><td rowspan="2">教学目标</td><td>职业能力</td><td colspan="2">通用能力</td><td colspan="2">素质目标</td></tr>
<tr><td>1. 能叙述分离与提纯的原则。
2. 会萃取的原理。
3. 能根据条件选择合适的萃取剂。
4. 在行业标准的指导下能对混合物进行萃取、分液操作</td><td colspan="2">1. 思考和判断性解决问题的能力。
2. 主动获取信息的能力。
3. 有关操作规范的思维意识。
4. 团队合作能力。
5. 能理论联系实际，运用理论知识解决实际问题</td><td colspan="2">1. 探究问题的思维方式。
2. 安全、规范操作的意识。
3. 调动学生参与方法的形成过程，积极主动学习</td></tr>
<tr><td>任务前提</td><td colspan="5">萃取与分液的原理、萃取剂的选择原则、萃取与分液的操作</td></tr>
<tr><td>信息来源</td><td colspan="5">学材、讲义、相关实验操作视频；
相关仪器、网络信息等</td></tr>
<tr><td>要求</td><td colspan="5">学生分组、共同完成工作任务；
小组中要做好分工，要培养组长的统筹分配能力；
小组成员之间、小组与小组之间进行相互的监督与评价；
学生要根据自己的实验结果讨论所得到的启示</td></tr>
<tr><td>学习步骤</td><td colspan="5">(1) 每 6 人一小组，通过教材、教辅、网络等资源共同查阅相关资料；
(2) 获取必要信息、知识；
(3) 购买除了实验室能提供外的其他材料；
(4) 小组内相互讨论，教师做总结；
(5) 自我评价、相互评价、教师评价</td></tr>
<tr><td>准备阶段</td><td colspan="5">【知识准备】
1. 萃取的原理是：______________________________。
2. 常用的萃取剂有：__________、__________、__________、__________。
3. 分液是上层溶液从______________________________倒出。
4. 萃取剂的选择要求是：__________；__________；__________；__________。
5. 分液漏斗的类型有：______________________；______________________。
6. 分液的步骤：______________________________。
7. 现有三组溶液：①汽油和氯化钠溶液；②39%的乙醇溶液；③氯化钠和单质溴的水溶液。分离以上各混合液的正确方法依次是（　　）。
A. 分液、萃取、蒸馏　　B. 萃取、蒸馏、分液
C. 分液、蒸馏、萃取　　D. 蒸馏、萃取、分液</td></tr>
</table>

续表

准备阶段

8. 现用 CCl_4 从溶有碘的氯化钠溶液中萃取碘并用分液漏斗分离两种溶液。其实验操作可分解为如下几步：

A. 把盛有溶液的分液漏斗放在铁架台的铁圈中；

B. 把 50 mL 混合溶液和 15 mL CCl_4 加入分液漏斗中，并盖好玻璃塞；

C. 检查分液漏斗活塞和上口的玻璃塞是否漏液；

D. 倒转漏斗用力振荡，并不时旋开活塞放气，最后关闭活塞，把分液漏斗放正；

E. 旋开活塞，用烧杯接收溶液；

F. 从分液漏斗上口倒出上层水溶液；

G. 将漏斗上口的玻璃塞打开或使塞上的凹槽或小孔对准漏斗口上的小孔；

H. 静置，分层。就此实验，完成下列填空。

(1) 正确操作步骤的顺序是（用上述各操作的编号字母填写）：

______ → ______ → ______ → A → G → ______ → E → F。

(2) 上述 E 步骤的操作中应注意______；上述 G 步骤操作的目的是______。

(3) 能选用 CCl_4 从碘水中萃取碘的原因是：

(4) 已知碘在酒精中的溶解度比在水中的大得多，______用酒精来萃取碘水中的碘（横线上填“能”或“不能”）。其理由是：

计划阶段

【任务描述】

西红柿，其主要营养就是维生素，其中，最重要、含量最多的就是胡萝卜素中的一种——番茄红素。研究证明：番茄红素具有独特的抗氧化能力，可以清除人体内导致衰老和疾病的自由基；预防心血管疾病的发生；阻止前列腺的癌变进程，并有效地减少胰腺癌、直肠癌、喉癌、口腔癌、乳腺癌等癌症的发病危险。番茄红素的含量与西红柿中可溶性糖的含量是负相关的关系；也就是说，越是不甜的西红柿，其中番茄红素含量越高。西红柿汤还具有蛋白质美容疗效，能使皮肤有弹性、有光泽，是一款简单易做的美容佳品。请你煮两份 100mL 的西红柿汤，一份水煮，一份加油煮。放置，对比两份西红柿汤

人员分工	姓名	负责工作

试验所用的仪器、试剂

任务实施	西红柿汤的制备步骤：
结果反思	1. 两杯西红柿汤有什么不同？ 2. 为什么有这些不同呢？给了你什么启示呢？ 3. 小结。

续表

<table>
<tr><td colspan="6">任务二　粗盐的提纯</td></tr>
<tr><td>教学班级</td><td></td><td>教学时间</td><td></td><td>指导老师</td><td></td></tr>
<tr><td>姓名：</td><td></td><td>学号</td><td></td><td>日期</td><td></td></tr>
<tr><td rowspan="2">教学目标</td><td colspan="2">职业能力</td><td colspan="2">通用能力</td><td>素质目标</td></tr>
<tr><td colspan="2">1. 能根据混合物的性质选择不同的分离方法对物质进行分离。
2. 能辨别与操作分离与提纯的仪器。
3. 在教师的指导下能独立完成粗盐的提纯</td><td colspan="2">1. 能根据需要查阅资料并获取信息。
2. 思考和判断解决问题的能力。
3. 分析任务和制订方案的能力。
4. 能进行合理的分工及有效的合作。
5. 能理论联系实际运用理论知识解决实际问题</td><td>1. 科学严谨、实事求是、一丝不苟的学习与工作态度。
2. 树立不浪费、勤俭节约的良好品质。
3. 安全、规范操作的意识。
4. 探究问题的思维方式</td></tr>
<tr><td>任务前提</td><td colspan="5">混合物分离与提纯常用的物理方法和化学方法、各种分离与提纯方法的操作；积极主动的学习态度</td></tr>
<tr><td>信息来源</td><td colspan="5">学材、讲义、相关实验操作视频；
相关仪器、网络信息等</td></tr>
<tr><td>要求</td><td colspan="5">（1）学生分组、共同完成工作任务；
（2）小组中要做好分工，要培养组长的统筹分配能力；
（3）小组成员之间、小组与小组之间进行相互的监督与评价；
（4）结晶操作要注意安全</td></tr>
<tr><td>学习步骤</td><td colspan="5">（1）通过学材、教辅、网络等资源共同查阅相关资料；
（2）获取必要信息、知识；
（3）在教师引导下各小组各自完成工作页中的知识内容；
（4）学生制订方案；
（5）师生相互讨论方案的可行性；
（6）学生根据方案完成粗盐的提纯</td></tr>
<tr><td>准备阶段</td><td colspan="5">【知识准备】
1. 分离与提纯常用的物理方法有：________；________；________；________；________。
2. 分离与提纯常用的化学方法有：________；________；________；________；________；________。
3. 蒸馏的主要仪器有________________；________________。</td></tr>
</table>

<table>
<tr>
<td>准备阶段</td>
<td colspan="2">
4. 把食盐水放在敞口容器里，让水分慢慢蒸发，溶液首先达到________，继续蒸发就会有________析出。对溶解度受温度影响变化不大的固体物质，一般就采用________的方法得到固体。多数物质热的饱和溶液降温后，就会有________析出。对于溶解度受温度影响变化大的固体物质，欲获得晶体一般就采用________的方法。
5. 在实验室制取蒸馏水的装置中，温度计的水银球应位于__________，烧杯中应放入几粒沸石或碎瓷片，其作用是____，冷凝管中，冷凝水的流向应当是____。
6. 下列分离混合物的操作中，必须加热的是（　　）。
A. 过滤　　B. 分液　　C. 结晶　　D. 蒸馏
7. 下列从混合物中分离出其中的一种成分，所采取分离方法正确的是（　　）。
A. 由于碘在酒精中的溶解度大，所以，可用酒精把碘水中的碘萃取出来
B. 水的沸点是100℃，酒精的沸点是78.5℃，所以，可用加热蒸馏方法使含水酒精变成无水酒精
C. 氯化钠的溶解度随着温度下降而减少，所以，用冷却法从热的含有少量氯化钾浓溶液中得到纯净的氯化钠晶体
D. 在实验室中，通常采用加热氯酸钾和二氧化锰的混合物方法制取氧气。我们可以用溶解、过滤的方法从反应产物中得到二氧化锰
8. 下列化学实验操作或事故处理方法不正确的是（　　）。
A. 不慎将酸溅到眼中，应立即用水冲洗，边洗边眨眼睛
B. 不慎将浓碱溶液沾到皮肤上，要立即用大量水冲洗，然后涂上硼酸
C. 酒精灯着火时可用水扑灭
D. 配制硫酸溶液时，可先在量筒中加入一定体积的水，再在搅拌条件下慢慢加浓硫酸
</td>
</tr>
<tr>
<td rowspan="2">计划阶段</td>
<td colspan="2">
【任务描述】
古人将天然盐称为卤，人工的则称为盐。食盐，又称餐桌盐，是对人类生存最重要的物质之一，也是烹饪中最常用的调味料。盐的主要化学成分氯化钠（NaCl）在食盐中含量为99%，盐的制作与使用起源于中国。中国食盐标准由国家规定，感官指标为色白，无可见的外来杂物，味咸，无苦味，无异臭。食盐分精制盐、粉碎洗涤盐、普通盐，此外还有特种食盐。某食用盐生产企业以溶解粗盐制成的卤水为原料，要生产出精制盐。请你根据所学知识，设计出生产方案并计算产率。
</td>
</tr>
<tr>
<td>引导性问题</td>
<td>
1. 粗盐里面有什么杂质？
2. 这些杂质要使用什么办法来使杂质容易分离？
3. 用什么标准来检验杂质是否分离完全呢？
4. 分离杂质后要使用什么操作来提纯？
5. 根据你的意见，在劳动保护方面会出现哪些危险？
6. 为了避免这些危险，要采取哪些措施？
7. 在提纯的过程中应注意哪些环保问题？
</td>
</tr>
</table>

续表

<table>
<tr><td rowspan="7">计划
阶段</td><td rowspan="6">人员
分工</td><td>姓名</td><td>负责工作</td></tr>
<tr><td></td><td></td></tr>
<tr><td></td><td></td></tr>
<tr><td></td><td></td></tr>
<tr><td></td><td></td></tr>
<tr><td></td><td></td></tr>
<tr><td>师生
讨论
确定
方案</td><td colspan="2">1. 小组派出代表展示本组的任务计划及实验方案。
2. 各小组参加讨论。
3. 教师引导。
4. 各组确定实验方案并准备实施</td></tr>
<tr><td rowspan="3">任务
实施</td><td colspan="3">【原理】</td></tr>
<tr><td colspan="3">【实验准备】（试剂、仪器等）</td></tr>
<tr><td colspan="3">【粗盐分离提纯步骤】</td></tr>
</table>

结果反思	1. 怎样检验提纯后食盐的纯度？ 2. 数据的处理（产率）。 3. 任务小结（成功之处，不足之处）。

模块5　分析检验用天平的规范使用学生工作页

<table>
<tr><td colspan="7">任务一　全自动双盘电光天平灵敏度的测定</td></tr>
<tr><td>教学班级</td><td colspan="2"></td><td>教学时间</td><td></td><td>指导老师</td><td></td></tr>
<tr><td>姓名</td><td colspan="2"></td><td>学 号</td><td></td><td>日期</td><td></td></tr>
<tr><td rowspan="2">教学目标</td><td colspan="2">职业能力</td><td colspan="2">通用能力</td><td colspan="2">素质目标</td></tr>
<tr><td colspan="2">1. 能叙述托盘天平、电光分析天平的基本构造及使用规程。
2. 能够调整天平的零点。
3. 会测定全自动双盘电光分析天平的灵敏度</td><td colspan="2">1. 获取资讯的能力。
2. 观察的能力。
3. 归纳总结能力</td><td colspan="2">1. 规范操作的意识。
2. 严谨的工作作风。
3. 爱护公共财产的社会道德</td></tr>
<tr><td>任务前提</td><td colspan="6">托盘天平、电光分析天平的基本构造；零点的调整方法；灵敏度的测定方法</td></tr>
<tr><td>信息来源</td><td colspan="6">学材、讲义、相关实验操作视频；
相关仪器、网络信息等</td></tr>
<tr><td>要求</td><td colspan="6">每个学生必须认真观察老师或是其他同学的操作；
学生之间进行相互的指导与评价；
学生独立完成工作任务；
学生要多练、勤问；
学生要根据自己的操作总结</td></tr>
<tr><td>学习步骤</td><td colspan="6">（1）获取必要信息、知识；
（2）观察老师演示；
（3）练习相关操作；
（4）同学间相互讨论，指导；
（5）自我评价、相互评价、教师评价</td></tr>
<tr><td>准备阶段</td><td colspan="6">【知识准备】
1. 分析天平是定量分析中的一种精密的________仪器，用来准确称取一定的物品。
2. 最大称量指：________________________________。
3. 工作用天平有：________________、________________、________________。
4. 分度值表示天平标尺一个分度相对应的________________。
5. 常量分析中，常用最大称量为______g 的分析天平，其分度值一般为______mg。
6. 使用全自动双盘电光分析天平前要做哪些检查？</td></tr>
</table>

<table>
<tr><td rowspan="3">准备阶段</td><td colspan="2">7. 什么叫天平的零点、平衡点？</td></tr>
<tr><td colspan="2">8. 什么叫天平的灵敏度？双盘电光分析天平的灵敏度应为多少？</td></tr>
<tr><td colspan="2">9. 调整天平的零点时，哪些操作需要休止天平？</td></tr>
<tr><td rowspan="2">计划阶段</td><td colspan="2">【任务描述】
灵敏度是天平计量性能之一，通过灵敏度的测定数据可了解天平的精确度。若不符合要求，则应予以调整。灵敏度太高或太低对天平的其他性能有较大的影响，也不利于操作使用。现请你对全自动双盘电光天平的灵敏度进行测定</td></tr>
<tr><td>引导性问题</td><td>1. 进行全自动双盘电光天平灵敏度的测定需要什么仪器、试剂？
2. 全自动双盘电光天平零点的调整需要先检查什么？如何调整？
3. 灵敏度的测定选择多大的砝码？
4. 灵敏度测定的步骤有哪些？
5. 灵敏度计算公式是什么？本台全自动双盘电光天平的灵敏度是多少？</td></tr>
<tr><td rowspan="2">任务实施</td><td colspan="2">1. 进行全自动双盘电光天平灵敏度的测定需要什么仪器、试剂？</td></tr>
<tr><td colspan="2">2. 全自动双盘电光天平零点的调整需要先检查什么？如何调整？</td></tr>
</table>

任务实施	3. 灵敏度测定的步骤有哪些？ 4. 本台全自动双盘电光天平的灵敏度是多少？
结果反思	1. 灵敏度不达要求该如何调整？ 2. 本任务小结。

<table>
<tr><td colspan="6">任务二　用电光分析天平称量三块铜片的质量</td></tr>
<tr><td>教学班级</td><td></td><td>教学时间</td><td></td><td>指导老师</td><td></td></tr>
<tr><td>姓名：</td><td></td><td>学号</td><td></td><td>日期</td><td></td></tr>
<tr><td rowspan="2">教学目标</td><td colspan="2">职业能力</td><td colspan="2">通用能力</td><td>素质目标</td></tr>
<tr><td colspan="2">1. 会使用托盘天平进行粗称。
2. 能根据铜片的性质选择合适的称量方法。
3. 能用电光分析天平、直接称量法独立称取铜片的质量。
4. 能够排除电光分析天平简单的故障</td><td colspan="2">1. 获取资讯的能力。
2. 观察的能力。
3. 归纳总结能力</td><td>1. 规范操作的意识
2. 严谨的工作作风。
3. 爱护公共财产的社会道德</td></tr>
<tr><td>任务前提</td><td colspan="5">1. 能叙述托盘天平、电光分析天平的基本构造及使用规程。
2. 能够调整天平的零点。
3. 会测定全自动双盘电光分析天平的灵敏度</td></tr>
<tr><td>信息来源</td><td colspan="5">学材、讲义、相关实验操作视频；
相关仪器、网络信息等</td></tr>
<tr><td>要求</td><td colspan="5">(1) 每个学生必须认真观察老师或是其他同学的操作；
(2) 学生之间进行相互的指导与评价；
(3) 学生独立完成工作任务；
(4) 学生要多练、勤问；
(5) 学生要根据自己的操作总结。</td></tr>
<tr><td>学习步骤</td><td colspan="5">(1) 获取必要信息、知识；
(2) 观察老师演示；
(3) 练习相关操作；
(4) 同学间相互讨论，指导；
(5) 自我评价、相互评价、教师评价</td></tr>
<tr><td>准备阶段</td><td colspan="5">【知识准备】
一、判断题（正确的在括号内划“√”，错误的划“×”）
1. 打开天平门要休止天平。（　　）
2. 往天平盘上加减物品时要休止天平。（　　）
3. 往天平盘上加减砝码时要休止天平。（　　）
4. 拧动指数盘时要休止天平。（　　）
5. 不关闭天平门就可确定投影屏上的读数。（　　）
二、填空题
1. 试样的称取方法有：__________、____________、__________。
2. 差减法适于称取性质________及易吸水、易________或是与________反应的粉末状物品，而不适于称取块状物品。</td></tr>
</table>

<table>
<tr><td>准备阶段</td><td colspan="2">三、问答题
1. 直接称样法、指定质量称样法都要首先调节天平，为什么？用减量称样法称取试样时为什么可以不调零点？
2. 什么情况下选用减量称样法？什么情况下选用指定质量称样法？</td></tr>
<tr><td rowspan="2">计划阶段</td><td colspan="2">【任务描述】
某化验中心接到测定“精铜的含量”的检验任务，你作为化验中心的检验人员收到这个任务单和用于测定的三块铜片，你想利用滴定分析方法进行检测。分析的第一步骤就是要先称量这三块铜片的质量，实验室中天平型号为TG—328A型全自动双盘电光分析天平</td></tr>
<tr><td>引导性问题</td><td>1. 分析天平的称量方法有哪些？你想选择哪种方法进行称量？
2. 称量所需要的仪器、试剂有哪些？
3. 称量的步骤有哪些？
4. 数据该怎样记录</td></tr>
<tr><td>任务实施</td><td colspan="2">1. 你想选择哪种方法进行称量？</td></tr>
</table>

续表

任务 实施	2. 称量所需要的仪器、试剂有哪些？ 3. 称量的步骤有哪些？ 4. 数据该怎样记录？
结果 反思	

续表

<table>
<tr><td colspan="7">任务三　用指定质量称样法称取一定质量的氯化钠</td></tr>
<tr><td>教学班级</td><td colspan="2"></td><td>教学时间</td><td></td><td>指导老师</td><td></td></tr>
<tr><td>姓名：</td><td colspan="2"></td><td>学号</td><td></td><td>日期</td><td></td></tr>
<tr><td rowspan="2">教学目标</td><td colspan="2">职业能力</td><td colspan="2">通用能力</td><td colspan="2">素质目标</td></tr>
<tr><td colspan="2">1. 能根据氯化钠性质选择合适的称量方法。
2. 能用电光分析天平、指定质量称样法独立称取氯化钠的质量。
3. 能够排除电光分析天平简单的故障</td><td colspan="2">1. 获取资讯的能力。
2. 观察的能力。
3. 归纳总结能力</td><td colspan="2">1. 规范操作的意识。
2. 严谨的工作作风。
3. 爱护公共财产的社会道德</td></tr>
<tr><td>任务前提</td><td colspan="6">1. 能叙述电光分析天平的基本构造及使用规程。
2. 能够调整天平的零点。
3. 知道天平称量的三种方法并能根据试剂的性质选择合适的方法</td></tr>
<tr><td>信息来源</td><td colspan="6">学材、讲义、相关实验操作视频、演示；
相关仪器、网络信息等</td></tr>
<tr><td>要求</td><td colspan="6">（1）每个学生必须认真观察老师或是其他同学的操作；
（2）学生之间进行相互的指导与评价；
（3）学生独立完成工作任务；
（4）学生要多练、勤问；
（5）学生要根据自己的操作总结。</td></tr>
<tr><td>学习步骤</td><td colspan="6">（1）获取必要信息、知识；
（2）观察老师演示；
（3）练习相关操作；
（4）同学间相互讨论，指导；
（5）自我评价、相互评价、教师评价</td></tr>
<tr><td rowspan="2">计划阶段</td><td colspan="6">【任务描述】
实验室需要配制 0.1mol/L 的氯化钠溶液 1L，请你用指定质量称样法称取所需的氯化钠溶质。该实验室中天平型号为 TG—328A 型全自动双盘电光分析天平（氯化钠的摩尔质量为 58.44mol/L）</td></tr>
<tr><td>引导性问题</td><td colspan="5">1. 配制 0.1mol/L 的氯化钠溶液 1L，需要多少克（g）的氯化钠？
2. 指定质量称样法完成称取任务需要哪些仪器、试剂？
3. 称量的步骤有哪些？
4. 称量的过程中该注意哪些方面的问题？
5. 称量的数据如何记录？</td></tr>
</table>

任务实施	1. 配制 0.1mol/L 的氯化钠溶液 1L，需要多少克（g）的氯化钠？ 2. 指定质量称样法完成称取任务需要哪些仪器、试剂？ 3. 称量的步骤有哪些？ 4. 称量的过程中该注意哪些方面的问题？ 5. 称量的数据如何记录？

<table>
<tr><td colspan="6">任务四　用减量法（差减法）称取一定质量的水泥样品</td></tr>
<tr><td>教学班级</td><td colspan="2"></td><td>教学时间</td><td>指导老师</td><td></td></tr>
<tr><td>姓名：</td><td colspan="2"></td><td>学号</td><td>日期</td><td></td></tr>
<tr><td rowspan="2">教学目标</td><td colspan="2">职业能力</td><td colspan="2">通用能力</td><td>素质目标</td></tr>
<tr><td colspan="2">1. 能选择合适的天平称量。
2. 能够叙述电子天平的结构，并操作电子天平。
3. 能够选择合适的称量方法进行称量。
4. 能用差减法称取0.4500～0.5000g的水泥样品。
5. 能够排除电光分析天平简单的故障</td><td colspan="2">1. 获取资讯的能力。
2. 观察的能力。
3. 归纳总结能力</td><td>1. 规范操作的意识。
2. 严谨的工作作风。
3. 爱护公共财产的社会道德</td></tr>
<tr><td>任务前提</td><td colspan="5">1. 能叙述电子分析天平的基本构造及使用规程。
2. 能根据试剂的性质选择合适的方法</td></tr>
<tr><td>信息来源</td><td colspan="5">学材、讲义、相关实验操作视频；
相关仪器、网络信息等</td></tr>
<tr><td>要求</td><td colspan="5">（1）每个学生必须认真观察老师或是其他同学的操作；
（2）学生之间进行相互的指导与评价；
（3）学生独立完成工作任务；
（4）学生要多练、勤问；
（5）学生要根据自己的操作总结</td></tr>
<tr><td>学习步骤</td><td colspan="5">（1）获取必要信息、知识；
（2）观察老师演示；
（3）练习相关操作；
（4）同学间相互讨论，指导；
（5）自我评价、相互评价、教师评价</td></tr>
</table>

【知识准备】

1. 电子天平按其用途和精度来分，有________电子天平、________电子天平、________电子天平、________电子天平、________电子天平。

2. 电子天平主要有________、________、________、________、________、________、________等特点。

3. 减量法称出样品的质量不要求________，只需在要求的范围内即可，

4. 减量法称量时称量瓶瓶口的试样应处理干净，以免________。

5. 减量法称量样品时，若发现试样丢失，应________。

6. 天平箱内的干燥剂通常使用________，不能使用粉状或液体干燥剂，如________；和________。

7. 以下为电子天平常见的功能键，分别代表什么？

① ON ——

② OFF ——

③ TAR ——

④ CAL ——

⑤ RNG ——

⑥ COU ——

⑦ PRT-——

⑧ ASD ——

8. 用最合适的天平称取下列物质。

(1) 0.3000g 基准重铬酸钾。(　　)

(2) 20.0g NaOH。(　　)

(3) 0.30g 高锰酸钾。(　　)

A. 0.1mg 的分析天平　　B. 0.1g 的托盘天平　　C. 0.01g 的工业天平

【任务描述】

某水泥生产企业的生产线要对成品进行全样分析，送样到检测中心，你作为检测中心的检测人员接受了这个任务，要对样品进行分析，分析的第一步骤就是要对样品进行称量。请你用减量法（差减法）称取 0.45～0.50g 的水泥样品三份。要求精确到万分之一。该实验室中天平有全自动双盘电光分析天平、半自动双盘电光分析天平和电子分析天平

【引导性问题】

1. 你想选择哪种天平进行称量？

2. 减量（差减）法称取 0.45～0.50g 范围的样品需要准备哪些仪器、试剂？

3. 称量的步骤有哪些？

4. 称量的过程中该注意哪些方面的问题？

5. 称量的数据如何记录？数据如何处理？

【参考表格】

项目 \ 称量次数	1	2	3
称量瓶与样品质量/g			
倒出后称量瓶与样品质量/g			
样品质量/g			

6. 本次称量小结（成功点、难点）。

【考核评价表一】

电光分析天平（指定质量称样法）操作考核评价表

班级：　　　　姓名：　　　　学号：　　　　开始时间：　　　　结束时间：

	考核内容	考核指标		配分	考核标准及依据	考评记录：个人自评（　）	考评记录：小组互评（　）	考评记录：教师评价（　）	备注
电光分析天平（指定质量称样法）操作考核	过程考核	时间观念		5	是否准时上课、按时上交作业				
		语言表达能力		5	普通话是否标准、流畅				
		获取信息的能力		5	是否能自主查阅资料、收集信息				
		知识运用能力		5	是否能运用所学知识解答问题、解释现象				
		观察能力		4	演示实验时是否能仔细观察并做好相关记录				
		判断性解决问题的能力		4	是否能判断性地解决学习上遇到的问题				
		分析问题的能力		4	学习过程中是否能对问题进行分析、判断				
		归纳总结的能力		4	学习过程中是否能对知识进行归纳总结				
	技能考核	准备工作	称量工具准备	4	称量工具准备是否齐全				
			检查水平、状态完好情况	4	是否检查水平泡、各部件是否在正常位置				
			天平清洁	3	是否清洁天平称盘				
			粗称	4	使用托盘天平粗称是否正确				
		操作过程	检查和调零点	4	是否检查、调节零点				
			开启升降枢轻、慢、稳	5	开启升降枢操作是否轻、慢、稳				
			加减砝码操作正确	5	加减砝码是否正确				
			取样符合要求	4	取样是否符合要求				
			读数及记录正确	6	读数及记录是否正确				
			清洁天平内外	4	是否清洁天平内外				
			关天平门	4	是否关天平门				
			回零	4	指数盘是否回零				
		文明操作	实验台整理与清洁	4	实验结束后，是否收拾台面、试剂、仪器等				
			废物处理能力	4	废物是否按指定的方法处理				小计
			时间分配能力	5	是否在规定时间内完成全部工作				总计

【考核评价表二】

电子天平（差减称样法）操作考核评价表

班级：　　　　姓名：　　　　学号：　　　　开始时间：　　　　结束时间：

	考核内容		考核指标	配分	考核标准及依据	考评记录			
						个人自评（　）	小组互评（　）	教师评价（　）	备注
电子天平（差减称样法）操作考核	过程考核		时间观念	5	是否准时上课、按时上交作业				
			语言表达能力	5	普通话是否标准、流畅				
			获取信息的能力	5	是否能自主查阅资料、收集信息				
			知识运用能力	5	是否能运用所学知识解答问题、解释现象				
			观察能力	4	演示实验时是否能仔细观察并做好相关记录				
			判断性解决问题的能力	4	是否能判断性地解决学习上遇到的问题				
			分析问题的能力	4	学习过程中是否能对问题进行分析、判断				
			归纳总结的能力	4	学习过程中是否能对知识进行归纳总结				
	技能考核	准备工作	称量工具准备	4	称量工具准备是否齐全				
			检查水平、状态完好情况	5	是否检查水平、状态完好情况				
			天平清洁	4	是否清洁天平称盘				
		操作过程	检查和调零点	4	是否检查、调节零点				
			操作轻、慢、稳	6	操作是否轻、慢、稳				
			加减试样	5	加减试样是否正确				
			倾出试样符合要求	5	倾出试样量是否符合要求				
			读数及记录正确	6	读数及记录是否正确				
			清洁天平内外	4	是否清洁天平内外				
			关天平门	4	是否关天平门				
			回零	5	是否回零				
		文明操作	实验台整理与清洁	4	实验结束后，是否收拾台面、试剂、仪器等				
			废物处理能力	4	废物是否按指定的方法处理				小计
			时间分配能力	4	是否在规定时间内完成全部工作				总计

模块6　检验用玻璃仪器及器皿的规范使用学生工作页

任务一　酸碱溶液的相互滴定					
教学班级		教学时间		指导老师	
姓名		学号		日期	
教学目标	职业能力	通用能力		素质目标	
	1. 会根据实验需要选用玻璃仪器和其他用品。 2. 能够根据实验要求选择合适的指示剂。 3. 能够判断终点的到达。 4. 能够根据滴定过程的不同阶段控制好酸、碱滴定管	1. 能查阅资料并获取信息。 2. 思考和判断性解决问题的能力。 3. 自学的能力。 4. 交流与合作能力		1. 安全、规范操作的意识。 2. 科学严谨的学习和工作态度 3. 团队合作精神	
任务前提	能正确识别常见玻璃仪器；能正确选择洗涤液洗涤玻璃仪器并干燥；能规范使用酸、碱滴定管				
信息来源	学材、讲义、相关实验操作视频； 相关仪器、网络信息等				
要求	每个学生必须认真观察老师或是其他同学的操作； 学生之间进行相互的指导与评价； 学生独立完成工作任务； 学生要多练、勤问； 学生要根据自己的操作总结。				
学习步骤	（1）获取必要信息、知识； （2）练习相关操作，熟练控制酸、碱滴定管； （3）同学间相互讨论，指导； （4）根据自己实验中的操作作出总结； （5）自我评价、相互评价、教师评价				
准备阶段	**【知识准备】** 1. 依序写出下列化学器皿的名称。 2. 玻璃器皿在存放前要________和干燥，然后置于干净的器皿橱内，橱内可设带________的隔板，便于________仪器，器皿橱的隔板上应衬垫干净的________或其他干净的白纸。器皿上覆盖清洁的________，以防止落尘。				

续表

准备阶段	3. 杯、皿等容器在存放时应倒置，其目的是________，常用小型器皿可用________盖好。 4. 存放移液管应先洗涤干净，再用________包好两头，然后置于________上。 5. 玻璃器皿的存放要注意防尘、________、________、________、防强光等，根据其材质、________、________进行合理存放。 6. 分析室常用的洗涤剂及洗涤液一般有________________、________、________、________及其他化学洗涤剂。 7. 分析室所用化学器皿洗净的标准是________________________________。 8. 化学器皿常用的干燥方法有__________、__________、__________、__________、__________五种。 9. 移取 25.00mL 的试液应选用__________mL 的________________。 10. 移取 5.0mL 的试液应选用__________mL 的________________。 11. 向容量瓶转移溶液时，应将溶液温度跟室温________时才能进行。否则将改变容量瓶________而造成________或________。 12. 容量瓶用完后，应立即用水________________________________。 13. 滴定管是用来________________________________放出滴定标准溶液体积的量器。 14. 滴定管按其刻度的分度值大小及容量的大小可分为________滴定管、________滴定管和________滴定管；按滴定管所盛装溶液性质的不同分为________滴定管和________滴定管。 15. 滴定操作的要领是左手持________，右手持________。边滴________，滴定________速度先________后________。 16. 50mL 滴定管注入或放出溶液后________s 才能读数，读数时滴定管应________________放置。 17. 滴定管读数，若溶液是无色或浅色时，视线与溶液弯月面下缘实线的________点________，若溶液为深色，视线应与液面两侧的________点________。 18. 初读与终读的标准应________，常量滴定管读数应读到________mL。 19. 用分度移液管量取少量的溶液，每次都应从最上面的刻度为起点，放出所需要体积，而不是放多少体积就吸多少体积。为什么？ 20. 滴定管在装标准溶液前要用此标准溶液冲洗内壁 2～3 次，为什么？

续表

【任务描述】

你应聘到某公司的化验室工作，化验室主任想测验你对滴定管的操作规范性和准确性，他希望你用酸碱溶液进行相互滴定。要求如下。以甲基橙为指示剂，用酸滴定碱；以酚酞为指示剂，用碱滴定酸。请你按照要求完成测试。

（1）以甲基橙为指示剂，用酸滴定碱。

（2）以酚酞为指示剂，用碱滴定酸

计划阶段

引导性问题

1. 以甲基橙为指示剂，用酸滴定碱；以酚酞为指示剂，用碱滴定酸需要什么仪器、试剂？

2. 进行实验你需要洗涤哪些器皿？

3. 以甲基橙为指示剂，用酸滴定碱；以酚酞为指示剂，用碱滴定酸的终点如何判断？

4. 整个滴定的过程中保持相同的速度可以吗？为什么？

5. 实验的步骤有哪些？

6. 数据该如何记录和处理？

7. 整个操作过程中会出现哪些安全隐患？

【工作计划】

请你制订工作计划。

序号	工作内容	工具/辅助用具	所需时间	注意事项

任务实施

1. 工作准备（仪器、试剂）

任务实施

2. 方法原理

3. 操作流程

4. 数据处理

表 1　以甲基橙为指示剂，用酸滴定碱记录表

项　　目	滴定次数		
	1	2	3
放出 $V_{(NaOH)}$/mL			
始读数 $V_{(HCl)}$/mL			
终读数 $V_{(HCl)}$/mL			
$V_{(HCl)}$/mL（平均值）			

表 2　以酚酞为指示剂，用碱滴定酸记录表

项　　目	滴定次数		
	1	2	3
放出 $V_{(HCl)}$/mL			
始读数 $V_{(NaOH)}$/mL			
终读数 $V_{(NaOH)}$/mL			
$V_{(NaOH)}$/mL（平均值）			

结果反思	1. 在滴定分析前，滴定管、移液管都需用所盛的操作液润洗3次，锥形瓶是否要用操作液润洗？为什么？ 2. 滴定为什么每次必须从零开始？从滴定管中流出半滴溶液的操作要领是什么？ 3. 本任务小结（收获、难点、成功与不足）。

续表

<table>
<tr><td colspan="7">任务二 称量法校准 50mL 酸式滴定管</td></tr>
<tr><td colspan="2">教学班级</td><td></td><td>教学时间</td><td></td><td>指导老师</td><td></td></tr>
<tr><td colspan="2">姓名：</td><td></td><td>学号</td><td></td><td>日期</td><td></td></tr>
<tr><td rowspan="2">教学
目标</td><td colspan="2">职业能力</td><td colspan="3">通用能力</td><td>素质目标</td></tr>
<tr><td colspan="2">1. 能正确识别常见玻璃仪器。
2. 能够区分三种校准方法。
3. 能选择正确的校准方法对计量玻璃仪器进行校正。
4. 能按规范操作校准滴定管，并会判断其是否符合相应的标准等级</td><td colspan="3">1. 能查阅资料并获取信息。
2. 思考和判断性解决问题的能力。
3. 自学的能力。
4. 交流与合作能力</td><td>1. 安全、规范操作的意识。
2. 科学严谨的学习和工作态度。
3. 工作过程中的节约、安全、环保意识</td></tr>
<tr><td>任务
前提</td><td colspan="6">能正确识别常见玻璃仪器；能正确选择洗涤液洗涤玻璃仪器并干燥；能规范使用各种滴定管</td></tr>
<tr><td>信息
来源</td><td colspan="6">学材、讲义、相关实验操作视频；
相关仪器、网络信息等</td></tr>
<tr><td>要求</td><td colspan="6">（1）学生独立完成工作任务；
（2）学生要多练、勤问；
（3）学生之间进行相互的指导与评价；
（4）学生要判断其是否符合相应的标准等级</td></tr>
<tr><td>学习
步骤</td><td colspan="6">（1）获取必要信息、知识；
（2）同学间相互讨论，指导；
（3）进行校准；
（4）校准数据的记录和处理；
（5）自我评价、相互评价、教师评价</td></tr>
<tr><td>准备
阶段</td><td colspan="6">【知识准备】
一、填空题
1. 衡量法校准滴定分析量器，要把某一温度下测得纯水的质量换算或标准温度下的体积，用公式____________________进行计算。
2. 相对校准法是相对比较两个量器所盛液体的____________________。
3. 校正滴定管应选用分度值为____________________的天平。
4. 测定水温的温度计其分度值应为____________________℃。
二、根据滴定管校准操作方法，检查学生下列操作技能（正确的在括号内划“√”，错误的划“×”）
1. 纯水倒入滴定管的操作。（　　）
2. 用温度计测量水温，读数方法。（　　）
3. 用天平称具塞容量瓶的步骤。（　　）
4. 从滴定管放出水的操作。（　　）</td></tr>
</table>

<table>
<tr><td rowspan="1">准备阶段</td><td colspan="2">三、计算题
1. 在25℃时，由滴定管放0.09mL水，称其质量为30.10g，计算该段滴定管在20℃的实际容量。

2. 在15℃时，滴定用去25.00mL标准滴定溶液，在20℃时溶液的体积应为多少？</td></tr>
<tr><td rowspan="2">计划阶段</td><td colspan="2">【任务描述】
化验中心新购买了一批50mL的天波牌酸式滴定管，用于进行原材料的成分分析，请你对新购买的这批酸式滴定管进行校准。</td></tr>
<tr><td>引导性问题</td><td>1. 请列出校准所用的仪器、试剂。
2. 校准酸式滴定管的步骤。
3. 校准的数据如何记录？
4. 如何判断这批滴定管的级别？</td></tr>
<tr><td>任务实施</td><td colspan="2">1. 工作准备：仪器、试剂。

2. 校准酸式滴定管的步骤有哪些？</td></tr>
</table>

续表

任务实施

3. 校准的数据如何记录？

【参考表格】

表 3　称量法校正 50mL 酸式滴定管记录

水温＝________℃　　　1mL 水的质量＝________g

滴定管读数	读数的容积/mL	瓶＋水的质量/g	水的质量/g	真实容积/mL	校正值/mL

4. 你所校准的这支滴定管的级别是什么？

5. 本任务小结（收获、难点、成功与不足）。

【考核评价表一】

移液管操作考核评价表

班级：　　　　姓名：　　　　学号：　　　　开始时间：　　　　结束时间：

	考核内容	考核指标		配分	考核标准及依据	考评记录			
						个人自评（　）	小组互评（　）	教师评价（　）	备注
移液管操作考核	过程考核	时间观念		5	是否准时上课、按时上交作业				
		语言表达能力		5	普通话是否标准、流畅				
		获取信息的能力		5	是否能自主查阅资料、收集信息				
		知识运用能力		5	是否能运用所学知识解答问题、解释现象				
		观察能力		5	演示实验时是否能仔细观察并做好相关记录				
		判断性解决问题的能力		5	是否能判断性地解决学习上遇到的问题				
		分析问题的能力		5	学习过程中是否能对问题进行分析、判断				
		归纳总结的能力		5	学习过程中是否能对知识进行归纳总结				
	技能考核	准备工作	根据实验需要选择合适仪器	4	是否正确选用符合规格的移液管				
			检查仪器完好情况	4	是否会检查破损情况				
			仪器洗涤	5	洗涤是否符合要求				
		操作过程	润洗	6	是否用待装溶液润洗 3 次				
			吸液正确	5	能否正确吸取溶液				
			管尖的擦拭	5	是否能用吸水纸擦拭管尖				
			调刻度	6	是否能正确调节液面				
			放液姿势	5	放出溶液姿势是否正确				
			停留时间	5	是否停留 10～15s				
		文明操作	实验台整理与清洁	5	实验结束后，是否收拾台面、试剂、仪器等				
			废物处理能力	5	废物是否按指定的方法处理				小计
			时间分配能力	5	是否在规定时间内完成全部工作				总计

【考核评价表二】

容量瓶操作考核评价表

班级：　　　　姓名：　　　　学号：　　　　开始时间：　　　　结束时间：

	考核内容		考核指标	配分	考核标准及依据	考评记录			
						个人自评（　）	小组互评（　）	教师评价（　）	备注
容量瓶操作考核	过程考核		时间观念	5	是否准时上课、按时上交作业				
			语言表达能力	5	普通话是否标准、流畅				
			获取信息的能力	5	是否能自主查阅资料、收集信息				
			知识运用能力	5	是否能运用所学知识解答问题、解释现象				
			观察能力	5	演示实验时是否能仔细观察并做好相关记录				
			判断性解决问题的能力	5	是否能判断性地解决学习上遇到的问题				
			分析问题的能力	5	学习过程中是否能对问题进行分析、判断				
			归纳总结的能力	5	学习过程中是否能对知识进行归纳总结				
	技能考核	准备工作	根据实验需要选择合适仪器	4	是否正确选用符合规格的容量瓶				
			检查仪器完好情况	4	是否会检查				
			根据仪器需要进行维护	5	是否会试漏				
			仪器洗涤	5	洗涤是否符合要求				
		操作过程	样品充分溶解	5	样品溶解是否正确				
			转移溶液正确	6	能否正确转移溶液，溶液不能有损失				
			平摇（2/3 处）	5	是否在 2/3 处平摇				
			定容	6	定容是否正确				
			摇匀	5	摇匀操作是否正确				
		文明操作	实验台整理与清洁	5	实验结束后，是否收拾台面、试剂、仪器等				
			废物处理能力	5	废物是否按指定的方法处理				小计
			时间分配能力	5	是否在规定时间内完成全部工作				总计

【考核评价表三】

滴定管操作考核评价表

班级：　　　　姓名：　　　　学号：　　　　开始时间：　　　　结束时间：

	考核内容	考核指标			配分	考核标准及依据		考评记录			
								个人自评 20%	小组互评 20%	教师评价 60%	备注
滴定管操作考核	过程考核	时间观念			5	是否准时上课、按时上交作业					
		语言表达能力			5	普通话是否标准、流畅					
		获取信息的能力			5	是否能自主查阅资料、收集信息					
		知识运用能力			5	是否能运用所学知识解答问题、解释现象					
		观察能力			4	演示实验时是否能仔细观察并做好相关记录					
		判断性解决问题的能力			4	是否能判断性地解决学习上遇到的问题					
		分析问题的能力			4	学习过程中是否能对问题进行分析、判断					
		归纳总结的能力			4	学习过程中是否能对知识进行归纳总结					
	技能考核	准备工作	根据实验需要选择合适仪器		2	是否正确选用滴定管					
			检查仪器完好情况		4	是否能检查及试漏					
			根据仪器需要进行维护		4	涂油是否正确					
			仪器洗涤		4	洗涤是否符合要求					
		操作过程	润洗		4	是否用待装溶液润洗三次					
			装溶液		4	是否会装溶液					
			赶气泡		4	是否会赶气泡					
			调节液面		4	液面调节是否正确					
			滴定速度	间滴成线	4	滴定速度	间滴成线				
				逐滴加入	4		逐滴加入				
				半滴加入	4		半滴加入				
			滴定姿势		4	滴定姿势是否正确					
			右手摇瓶		2	是不是左手控制滴定管、右手摇瓶					
			读数姿势和读数正确		4	读数姿势和读数是否正确					
		文明操作	实验台整理与清洁		4	实验结束后，是否收拾台面、试剂、仪器等					
			废物处理能力		4	废物是否按指定的方法处理					小计
			时间分配能力		4	是否在规定时间内完成全部工作					总计

模块 7　试剂与溶液的使用学生工作页

<table>
<tr><td colspan="7">任务一　配制 0.1000mol/L 的氯化钠标准滴定溶液 250mL</td></tr>
<tr><td colspan="2">教学班级</td><td></td><td>教学时间</td><td></td><td>指导老师</td><td></td></tr>
<tr><td colspan="2">姓名</td><td></td><td>学号</td><td></td><td>日期</td><td></td></tr>
<tr><td rowspan="2">教学目标</td><td colspan="2">职业能力</td><td colspan="3">通用能力</td><td>素质目标</td></tr>
<tr><td colspan="2">1. 会根据实验需要选用玻璃仪器和其他用品。
2. 能根据试剂的性质选用合适的配制方法。
3. 能独立配制 0.1000 mol/L 的氯化钠标准滴定溶液</td><td colspan="3">1. 能查阅资料并获取信息。
2. 思考和判断性解决问题的能力。
3. 自学的能力</td><td>1. 安全、规范操作的意识。
2. 科学严谨的学习和工作态度。
3. 工作过程中的节约、安全、环保意识</td></tr>
<tr><td>任务前提</td><td colspan="6">正确识别常见玻璃仪器；辨别化学药品的等级；溶液浓度的表示方法；一般溶液的配制；基准物质；标准滴定溶液的配制方法</td></tr>
<tr><td>信息来源</td><td colspan="6">学材、讲义、相关实验操作视频；
相关仪器、网络信息等</td></tr>
<tr><td>要求</td><td colspan="6">（1）学生独立完成工作任务；
（2）学生要多练、勤问；
（3）学生之间进行相互的指导与评价；
（4）溶液的配制过程要求先做到心中有底，不能做一步问一步</td></tr>
<tr><td>学习步骤</td><td colspan="6">（1）获取必要信息、知识；
（2）同学间相互讨论，指导；
（3）选取合适的仪器；
（4）配制溶液；
（5）自我评价、相互评价、教师评价</td></tr>
<tr><td>准备阶段</td><td colspan="6">【知识准备】
一、填空题
1. 化学药品按性质和用途分有________、________、________等。
2. 化学危险品按其特性可分为______________、______________、______________、______________、放射性类等。
3. 目前我国化学试剂标准有__________标准、__________标准、企业标准等，但有________________________标准的不能用其他标准。
4. 固体化学试剂应装在________瓶中；液体试剂应盛在________或滴瓶内。
5. 在对易潮解、挥发、升华的试剂包装时要注意________。
6. 配制 100mL 3mol/LH_2SO_4溶液的方法是：用量筒量取____mL 浓 H_2SO_4，缓慢注入装有____mL 蒸馏水的烧杯中，冷却后移入 500mL________中保存。
7. 配制 100mL 0.1mol/LNa_2CO_3溶液的方法是：在________上称取________gNa_2CO_3固体放入小烧杯中，加入____mL蒸馏水，用玻璃棒搅匀后移入 500mL________中保存。</td></tr>
</table>

续表

准备阶段

8. 配制 10mL 1+1$NH_3 \cdot H_2O$ 溶液的方法是：

用量筒量取____mL $NH_3 \cdot H_2O$，加入____mL 蒸馏水，混匀后移入试剂瓶中保存。

9. 配制 50mL 10g/L 酚酞溶液的方法是：

称取____g 酚酞，溶于________，用________稀释至 50mL，装入试剂瓶中。

10. 配制 50mL 10g/L 淀粉溶液的方法是：

称取____g 淀粉，加____mL 水调成糊状，在搅拌下将糊状物加到____mL 沸腾的水中，煮沸 1～2min，冷却后稀释至 50mL，装入试剂瓶中。

11. 配制 20mL 50g/L 铬酸钾溶液的方法是：

在________上称取____g 铬酸钾固体放入小烧杯中，加入____mL 蒸馏水，用玻璃棒搅匀后移入试剂瓶中保存。

12. 配制 50g 0.5g/100g 的钙指示剂的方法是：

称取____g 钙指示剂，与____gNaCl 混合研细，密闭保存。

二、判断题（正确的在括号内划“√”，错误的划“×”）

1. 标签蓝色代表的是一级品。（　　）
2. 基准试剂用于标定或直接配制标准溶液。（　　）
3. 化学试剂标准可以从国家标准、行业标准、企业标准中任意选定。（　　）
4. 在剧毒物中除氰化物外，还包括三氧化二砷及部分砷化物、汞及部分汞盐等。（　　）
5. 碳水化合物属于无机化学药品。（　　）

三、选择题

1. 下列符号代表优级纯的是（　　），代表化学纯的是（　　）。

A. L. R.　　B. A. S.　　C. G. R.　　D. C. P.

2. 下列符号代表国家标准的是（　　）。

A. GB/T　　B. GB　　C. HGB　　D. HG

3. 分析纯化学试剂的标签颜色为（　　）。

A. 绿色　　B. 深绿色　　C. 红色　　D. 蓝色

4. 下列化学药品属于有机化学药品的是（　　）。

A. 硫酸　　B. 氯化钠　　C. 乙醇　　D. 氢氧化钾

计划阶段

【任务描述】

你在某化验中心担当化验人员，实验室使用的标准溶液由你负责配制。某天，你发现氯化钠标准溶液快用完了，所剩下的量已经不够下一个实验使用，请你马上配制 0.1000mol/L 的氯化钠标准滴定溶液 250mL。

引导性问题

1. 什么是基准物质？氯化钠属于基准物质吗？
2. 标准滴定溶液有什么配制的方法？对于氯化钠标准滴定溶液你将采用何种方法？
3. 配制 250mL 氯化钠标准溶液需要哪些仪器、试剂？
4. 配制前你需要对氯化钠进行哪些处理？
5. 配制的步骤有哪些？
6. 配制的过程中，你如何确保配制溶液浓度的标准性？

任务 实施	1. 配制250mL氯化钠标准溶液需要什么仪器、试剂？ 2. 配制前你需要对氯化钠做出什么处理？ 3. 配制的步骤有哪些？ 4. 配制的过程中，你如何确保配制溶液浓度的标准性？ 5. 在完成氯化钠标准溶液的配制过程中，你有什么难点或是心得？

<table>
<tr><td colspan="7">任务二　配制 0.1mol/L 的氢氧化钠标准溶液 300mL</td></tr>
<tr><td colspan="2">教学班级</td><td></td><td>教学时间</td><td></td><td>指导老师</td><td></td></tr>
<tr><td colspan="2">姓名</td><td></td><td>学 号</td><td></td><td>日期</td><td></td></tr>
<tr><td rowspan="2">教学目标</td><td colspan="2">职业能力</td><td colspan="3">通用能力</td><td>素质目标</td></tr>
<tr><td colspan="2">1. 会根据实验需要选用玻璃仪器和其他用品。
2. 能够根据实验要求选择合适的指示剂。
3. 能够判断终点的到达。
4. 能够独立配制配 0.1mol/L 的氢氧化钠标准溶液</td><td colspan="3">1. 能查阅资料并获取信息。
2. 思考和判断性解决问题的能力。
3. 自学的能力。
4. 交流与合作能力</td><td>1. 安全、规范操作的意识。
2. 科学严谨的学习和工作态度。
3. 工作过程中的节约、安全、环保意识</td></tr>
<tr><td>任务前提</td><td colspan="6">正确识别常见玻璃仪器；辨别化学药品的等级；一般溶液的配制；标准滴定溶液的配制方法；能规范使用碱式滴定管</td></tr>
<tr><td>信息来源</td><td colspan="6">学材、讲义、相关实验操作视频；
相关仪器、网络信息等</td></tr>
<tr><td>要求</td><td colspan="6">（1）学生独立完成工作任务；
（2）学生要多练、勤问；
（3）学生之间进行相互的指导与评价；
（4）溶液的配制过程要求先做到心中有底，不能做一步问一步；
（5）标定的过程要有耐心</td></tr>
<tr><td>学习步骤</td><td colspan="6">（1）获取必要信息、知识；
（2）同学间相互讨论，指导；
（3）选取合适的仪器；
（4）配制溶液；
（5）自我评价、相互评价、教师评价</td></tr>
<tr><td>准备阶段</td><td colspan="6">【知识准备】
一、填空题
1. 储存化学试剂时瓶上的________要保持完好，新配制的溶液要在瓶上贴好________，标明试剂的________、________和________并在标签外面涂上一层________。
2. 包装单位是指______________；它的大小是根据实际工作中______________的大小来确定的。
3. 取用固体试剂时，一般用清洁干燥的________或________。
4. 液体试剂的取用一般用________、________、量杯和________等，其中________主要用于液体试剂的定量取用。
5. 取用较大颗粒的固体试剂时，要用研钵将其研碎，研钵中所盛固体的量不能超过研钵容积的________。
6. 用滴管滴加液体试剂时，滴管的尖端应________试管，一般距试管口约______，不得触及试管内壁，以免玷污试剂。</td></tr>
</table>

准备阶段

二、判断题（正确的在括号内划“√”，错误的划“×”）

1. 氢氟酸、氢氧化钾可直接保存在玻璃瓶中。（　　）

2. $AgNO_3$，H_2O_2等见光易分解的试剂应装在棕色瓶中并置于冷暗处。（　　）

3. KCN，As_2O_2等剧毒试剂应特别保管，以免发生中毒事故。（　　）

4. 易燃及爆炸类物品应直接储存于有玻璃门的台橱里。（　　）

5. 移取液体试剂时按下列方法进行：

用烧杯移取（　　）；用滴管移取（　　）；用量筒移取（　　）。

6. 应按下列方法取用固体试剂。

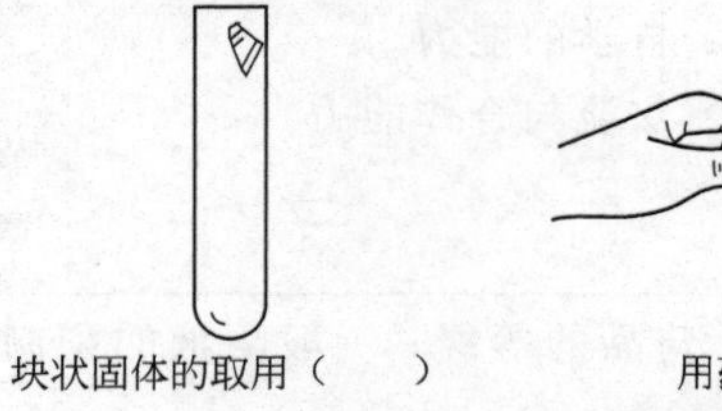

块状固体的取用（　　）

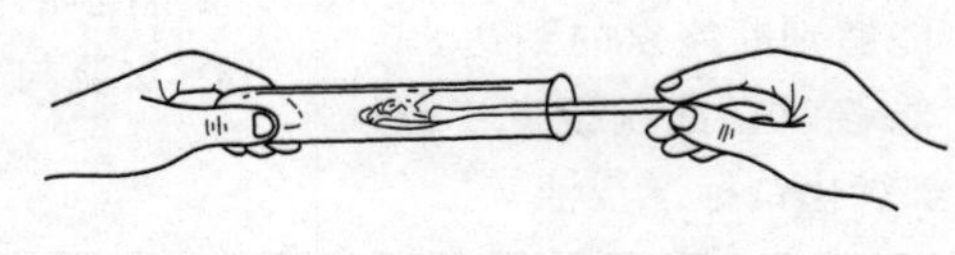

用药匙向试管中送入固体粉末（　　）

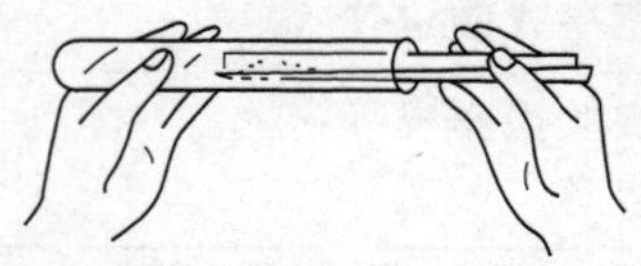

用纸槽向试管中送固体粉末（　　）

三、选择题（将正确答案的序号填入括号内）

1. 储存易燃易爆品、强氧化性物品时，最高温度不能高于（　　）℃。

A. 20　　B. 10　　C. 30　　D. 0

2. 下面药品要用专柜由专人负责储存的是（　　）。

A. KOH　　B. KCN　　C. $KMnO_4$　　D. 浓 H_2SO_4

计划阶段

【任务描述】

某水处理厂通常使用氢氧化钠来和水中的钙、镁离子反应来减小水的硬度。你作为水处理厂的检验人员，请你配制 0.1mol/L 的氢氧化钠标准溶液 300mL。

引导性问题

1. 氢氧化钠属于基准物质吗？
2. 你将采用何种方法配制氢氧化钠标准滴定溶液？
3. 配制 300mL 氢氧化钠标准滴定溶液需要什么仪器、试剂？
4. 你将利用到什么原理进行配制？
5. 配制的步骤有哪些？
6. 配制过程中你如何记录数据？
7. 你配制的 0.1mol/L 的氢氧化钠标准溶液的准确浓度是多少？

【工作计划】

请你制订工作计划。

序号	工作内容	工具/辅助用具	所需时间	注意事项

任务实施	1. 原理 2. 仪器和试剂 3. 操作步骤

续表

<table>
<tr><td rowspan="14">任务实施</td><td colspan="6">4. 数据的记录与处理</td></tr>
<tr><td colspan="6">

NaOH 标准滴定溶液的标定

温度：℃</td></tr>
<tr><td colspan="2">次数
项目</td><td>1</td><td>2</td><td>3</td></tr>
<tr><td colspan="2">倾样前称量瓶＋试样的质量 m_1/g</td><td></td><td></td><td></td></tr>
<tr><td colspan="2">倾样后称量瓶＋试样的质量 m_2/g</td><td></td><td></td><td></td></tr>
<tr><td colspan="2">试样的质量 m（m_1-m_2）/g</td><td></td><td></td><td></td></tr>
<tr><td rowspan="5">样品试验</td><td>滴定消 NaOH 溶液体积始读数/mL</td><td></td><td></td><td></td></tr>
<tr><td>滴定消耗 NaOH 溶液体积终读数/mL</td><td></td><td></td><td></td></tr>
<tr><td>滴定管校正值/mL</td><td></td><td></td><td></td></tr>
<tr><td>温度补偿值/（mL/L）</td><td></td><td></td><td></td></tr>
<tr><td>实际消耗 NaOH 溶液的体积/mL</td><td></td><td></td><td></td></tr>
<tr><td colspan="2">计算公式：C（NaOH）/（mol/L）：</td><td colspan="3">$C(\mathrm{NaOH})=\frac{m\times 1000}{VM}$</td></tr>
<tr><td colspan="2">C（NaOH）/（mol/L）：</td><td></td><td></td><td></td></tr>
<tr><td colspan="2">平均值：C（NaOH）/（mol/L）：</td><td></td><td></td><td></td></tr>
</table>

结果反思	1. 氢氧化钠的标定为什么要选用酚酞为指示剂？ 2. 滴定用的锥形瓶需要干燥吗？为什么？ 3. 本任务小结（收获、难点、成功与不足）。

模块8 滴定分析法测定物质含量学生工作页

<table>
<tr><td colspan="6">任务 蛋壳中钙、镁含量的测定</td></tr>
<tr><td>教学班级</td><td></td><td>教学时间</td><td></td><td>指导老师</td><td></td></tr>
<tr><td>姓名</td><td></td><td>学号</td><td></td><td>日期</td><td></td></tr>
<tr><td rowspan="2">教学目标</td><td>职业能力</td><td colspan="3">通用能力</td><td>素质目标</td></tr>
<tr><td>1. 能够叙述滴定分析中常用的四种滴定方式的特点和适用范围。
2. 能根据物质的性质选用合适的滴定分析方式。
3. 能选择合适的酸碱指示剂。
4. 能够正确判断滴定终点</td><td colspan="3">1. 能根据需要查阅资料并进行自学。
2. 能有效运用所学知识。
3. 思考和判断性解决问题的能力。
4. 环境保护意识。
5. 能进行合理的工作分工及有效合作</td><td>1. 工作的条理性、规范性和细致性。
2. 团队的协助意识。
3. 一丝不苟的工作态度</td></tr>
<tr><td>任务前提</td><td colspan="5">1. 看懂滴定分析基本术语。
2. 明确滴定分析法对滴定反应的要求。
3. 酸碱指示剂的变色原因</td></tr>
<tr><td>信息来源</td><td colspan="5">学材、讲义、相关实验操作视频；
相关仪器、网络信息等</td></tr>
<tr><td>要求</td><td colspan="5">学生分组、共同讨论确定任务的实施方案；
小组中要鼓励各组员发表自己的意见，允许多种意见的存在；
组员发表意见后要决策出最佳的方案；
组员发挥想象能力展示本组方案</td></tr>
<tr><td>学习步骤</td><td colspan="5">(1) 每6人一小组，通过学材、教辅、网络等资源获取必要信息、知识；
(2) 组员讨论任务实施的方案；
(3) 对方案的实施做好计划；
(4) 把方案以海报的形式展示出来，并讲解；
(5) 自我评价、相互评价、教师评价</td></tr>
<tr><td>准备阶段</td><td colspan="5">【知识准备】
一、判断题（正题的在括号内划“√”，错误的划“×”）
1. 所谓化学计量点和滴定终点是一回事。（ ）
2. 所谓终点误差是由于操作者终点判断失误或操作不熟练而引起的。（ ）
3. 滴定分析的相对误差一般要求为小于0.1%，滴定时消耗的标准溶液体积应控制在10～15mL。（ ）
4. 凡是优级纯的物质都可用于直接法配制标准溶液。（ ）
5. 溶解基准物质时用移液管移取20～30mL水加入。（ ）
6. 测量的准确度要求较高时，容量瓶在使用前应进行体积校正。（ ）
7.1L溶液中含有98.08gH_2SO_4，则C（$2H_2SO_4$）= 2mol/L。（ ）
8. 用浓溶液配制稀溶液的计算依据是稀释前后溶质的物质的量不变。（ ）</td></tr>
</table>

准备阶段	**二、选择题** 1. 滴定分析中，对化学反应的主要要求是（　　）。 A. 反应必须定量完成 B. 反应必须有颜色变化 C. 滴定剂与被测物必须是1∶1的计量关系 D. 滴定剂必须是基准物 2. 在滴定分析中，一般用指示剂颜色的突变来判断化学计量点的到达，在指示剂变色时停止滴定。这一点称为（　　）。 A. 化学计量点　B. 滴定误差　C. 滴定终点　D. 滴定分析 3. 直接法配制标准溶液必须使用（　　）。 A. 基准试剂　B. 化学纯试剂　C. 分析纯试剂　D. 优级纯试剂 4. 将称好的基准物倒入湿烧杯，对分析结果产生的影响是（　　）。 A. 正误差　B. 负误差　C. 无影响　D. 结果混乱 5. 以甲基橙为指示剂标定含有 Na_2CO_3 的 NaOH 标准溶液，用该标准溶液滴定某酸以酚酞为指示剂，则测定结果（　　）。 A. 偏高　B. 偏低　C. 不变　D. 无法确定 **三、问答题** 1. 适用于滴定分析法的化学反应必须具备哪些条件？ 2. 滴定方式有几种？各举一例。

<table>
<tr><td>准备阶段</td><td colspan="2">四、计算题
欲将500.00mL浓度为C（HCl）＝0.1530mol／L的HCl溶液稀释成C（HCl）＝0.1000mol／L的溶液，需加水多少毫升？</td></tr>
<tr><td rowspan="7">计划阶段</td><td colspan="2">【任务描述】
鸡蛋壳中钙的含量大约90%，某生产钙镁营养品的医药企业为节约成本，提高利润，希望可以利用鸡蛋壳中的钙镁成分。现其研发中心正对鸡蛋壳具体成分进行研究，鸡蛋壳样品已经制得。请你先设计一份方案适用于测试，并开展实验。</td></tr>
<tr><td>小组成员</td><td>姓名 | 主要意见</td></tr>
</table>

小组成员	姓名	主要意见

任务实施	1. 请各小组根据任务列出你们所能找到（想到）的完成任务的各种方法。

任务实施	2. 在你们的所有方法中，选出你们小组认为能够完成任务的最优方法，并把它做成方案（包括原理、仪器试剂、实施步骤、注意事项、数据处理）。 3. 把方案以海报的形式展示出来。 4. 实施任务。

任务分享与总结	1. 小组中一个或多名代表展示方案。(小组中谁、如何展示简单介绍) 2. 在方案、海报和任务的实施过程中，你认为你或是你们小组哪些方面比较有优势？是否遇到难点？如何解决了这些难点？

盐酸标准溶液的标定

1. 操作步骤

称取于270～300℃灼烧至恒重的基准无水碳酸钠0.17～0.20g（准至0.0002g），溶于50mL纯水，加入8～10滴溴甲酚绿-甲基红指示剂，用配制好的盐酸溶液滴定至溶液由绿色变为暗红色，煮沸2min，冷却后，继续滴定至溶液再呈暗红色，平行标定三次，同时做空白试验。

2. 数据记录

项目＼参数		1	2	3
（倒样前瓶＋样质量）/g				
（倒样后瓶＋样质量）/g				
样品质量/g				
消耗 HCl 溶液体积/mL				
滴定管校正值/mL				
温度补偿值/（mL/L）				
溶液实际体积/mL				
空白试验	消耗溶液体积/mL			
	滴定管校正值/mL			
	温度补偿值/（mL/L）			
	溶液实际体积/mL			
公式		$C_{HCl}=\dfrac{m_{Na_2CO_3}\times 2\times 1000}{M_{Na_2CO_3}(V_{HCl}-V_{空白})}$		
C/（mol/L）				
平均值/（mol/L）				
极差/（mol/L）				
极差与平均值之比/%				

用基准物 Na_2CO_3 标定 HCl 标准溶液评分记录表

姓名：　　学号：　　开始时间：　　结束时间：

评分点	评分标准	配分		
分析天平称量前准备（5分）	粗称操作不当	1		
	检查水平、砝码完好情况	1		
	天平内外清洁	1		
	检查和调零点	2		
称量操作（10分）	开启升降枢稳、轻、慢	2		
	加减试样、砝码操作正确	2		
	倾出试样符合要求	2		
	读数及记录正确	2		
	其他	2		
称量后处理（7分）	砝码回零位	2		
	清洁天平内外	2		
	关天平门	2		
	检查零点	1		
	样品质量			
测定操作（34分）	洗涤、润洗不正确	2		
	试漏	2		
	装液不正确	1		
	排气泡	2		
	调始读数正确	2		
	加 50mL 水溶解	2		
	加 8～10 滴溴甲酚绿-甲基红	2		
	滴定姿势正确	2		
	滴定速度控制恰当	2		
	摇瓶操作不正确	1		
	加热煮沸、冷却	2		
	用少量纯水冲洗瓶内壁	2		
	半滴加入不当	2		
	终点判断正确	2		
	终点读数正确	2		
	V_{HCl}			
	空白试验	2		

评分表	评分标准	配分	
测定操作（34分）	$V_{空白}$		
	过失操作	2	
	平行操作的重复性不好	2	
滴定后结束工作（6分）	滴定完毕	1	
	清洁、整齐完好	2	
	仪器破损	2	
	其他	1	
记录（13分）	记录漏项	2	
	记录数值精度不符合要求	2	
	记录涂改现象三处以上	2	
	数据记错	1	
	有意涂改数据	2	
	计算正确	4	
分析结果（10分）	考生平行测定结果极差与平均值之比大于允差小于 1/2 倍允差，扣分考生平行测定结果极差与平均值之比大于 1/2 倍允差，扣分		
分析结果（15分）	考生平均结果与参照值对比大于参照值小于1倍允差，扣4分； 考生平均结果与参照值对比大于 1 倍小于或等于 2 倍允差，扣 9 分； 考生平均结果与参照值对比大于 2 倍允差，扣 15 分		
考核时间	考核时间为 90 分钟，超过时间 5 分钟扣 2 分，超过 10 分钟扣 4 分，超过 15 分钟扣 8 分，超过 20 分钟扣 32 分，以此类推，直至扣完为止		
监考老师